JN006282

［改訂新版］ITエンジニアのための

機械学習理論入門

Machine Learning for Software Engineers

中井悦司【著】
Etsuji NAKAI

技術評論社

●免責

本書に記載された内容は、情報の提供だけを目的としています。したがって、本書を用いた運用は、必ずお客様自身の責任と判断によって行ってください。これらの情報の運用の結果について、技術評論社および著者はいかなる責任も負いません。

本書記載の情報は、2021年6月現在のものを掲載していますので、ご利用時には、変更されている場合もあります。

また、ソフトウェアに関する記述は、特に断わりのないかぎり、2021年6月現在でのバージョンをもとにしています。ソフトウェアはバージョンアップされる場合があり、本書での説明とは機能内容や画面図などが異なってしまうこともあり得ます。本書ご購入の前に、必ずバージョン番号をご確認ください。

以上の注意事項をご承諾いただいたうえで、本書をご利用願います。これらの注意事項をお読みいただかずに、お問い合わせいただいても、技術評論社および著者は対処しかねます。あらかじめ、ご承知おきください。

●商標、登録商標について

- 本書に登場する製品名などは、一般に各社の登録商標または商標です。なお、本文中に™、®などのマークは特に記載しておりません。

はじめに（初版より）

「機械学習」にかかわるITエンジニアが、予想以上に増えているのかもしれない――そんな疑問を抱いたのは1年ほど前の出来事でした。「データサイエンス」や「ディープラーニング」、果ては「人工知能」まで、メディア好みのバズワードが溢れる中、データ分析を専門としない一般のITエンジニアに対しても、機械学習の活用が期待される時代がやって来ました。世の中では、「専門知識がなくても使える」と宣伝する機械学習サービスすら提供されています。

しかしながら、そこには大きな落とし穴があります。さまざまな機械学習のツールやライブラリーがオープンソースとして提供されるようになり、機械学習の計算処理は誰でもできるようになりました。データを投入してプログラムを実行すれば、何らかの結果が出てきます。しかしながら、その結果にはどのような「意味」があるのでしょうか？　機械学習の結果をビジネスに活用するには、その背後にあるアルゴリズムを理解して、その結果が持つ意味を正しくとらえる必要があります。

本書では、機械学習のビジネス活用を念頭に置き、機械学習の基礎となるアルゴリズムを根本から解説しています。具体的な例題を用いて、「どのような考え方で、何を計算しているのか」という点をごまかさずに説明します。それによって、機械学習、さらにはデータサイエンスの本質を理解していただくことが本書の目標です。機械学習には、さまざまなアルゴリズムがありますが、その根底には「データのモデル化とパラメーターの最適化」という共通した考え方があります。本書では、このような「考え方」に重点をおき、それぞれの数式の意味をできる限り平易に説明するように心がけました。この点が理解できれば、ディープラーニングやニューラルネットワークなど、本書の範囲を超えた、さらに高度なアルゴリズムも恐れることはないでしょう。

「機械学習のビジネス活用企画を頼まれて困っている」「販売分析アプリケーションの開発プロジェクトに、突然、参加が決まった」――知人のITエンジニアからのこのような声が、冒頭の疑問の出どころでした。これからの時代、機械学習を理解して使いこなすことは、IT エンジニアとして新たな人生を切り開くチャンスになるのは間違いなさそうです。そして何よりも、機械学習には、ITエンジニアの知的好奇心、技術への探究心を存分に満たしてくれる面白さがあります。一人でも多くの方に、本書を足がかりとして、機械学習の世界への第一歩を踏み出していただけることを期待しています。

2015年　初秋　中井 悦司

■ 改訂にあたり

本書の初版を出版したのは、2015年の秋ごろですので、それから6年近くが経過したことになります。おかげさまで、想像以上に多くの方々に読んでいただき、「中井さんの書籍がきっかけで機械学習研修のインストラクターになりました」と声をかけていただくという、嬉しい出来事などもありました。

目まぐるしく技術が変化するIT業界ですので、6年もたてば書籍の内容もそれなりに古く感じられるかと思いきや、「はじめに（初版より）」を読み返して見ると、ITエンジニアと機械学習を取り巻く状況は、今も変わりないようです。機械学習のアルゴリズムという、普遍的な根本原理を解説するねらいは間違いではなかったようです。

今回の改訂にあたっては、サンプルコードの実行環境をクラウドサービスであるGoogle Colaboratoryに変更して、より手軽に試していただけるようにしたほか、本文の理解を深めるための情報をいくつかの「コラム」で補足しました。取り扱うアルゴリズムの範囲は初版と変わりありませんが、新たにカラー版として生まれ変わった本書を通して、より多くの読者の方々に機械学習「理論」の面白さを感じていただければと思います。

■ 謝辞

本書の執筆・出版にあたり、お世話になった方々にお礼を申し上げます。

本書の初版は、技術評論社の池本公平氏の発案からスタートし、筆者にとっては、はじめての「数式混じり」の書籍となりました。それから約6年の時を経て、新たに改訂版を出版する機会をいただいたことをあらためて感謝いたします。

思い返して見ると、初版の原稿は、小学校に通い始めた愛娘の歩実を駅まで送り届けた後、早朝のスターバックスの店内で執筆を進めていました。今回の改訂版は、コロナ禍に伴う在宅勤務の中、中学生になった娘の登校を見届けた後、自宅の一室で書き進めることになりました。ストレスの多い生活環境の中、健康的な生活を支えてくれた妻の真理と愛娘の歩実にも、再び、感謝の言葉を送りたいと思います。「いつもありがとう！」

■ 本書が対象とする読者

本書は、機械学習のアルゴリズムについて、その背後にある理論を理解して、ビジネスに役立てたいと考えるITエンジニアを対象としています。機械学習にはさまざまな利用方法がありますが、本書では、機械学習による予測結果をビジネスに役立てるために知っておくべき基礎知識として、各種のアルゴリズムを解説します。機械学習のツールやライブラリーの使い方を説明した書籍ではありませんので、その点はご注意ください。

また、本書で取り上げる例題の多くは、機械学習の世界では「定番の教科書」とも言われる次の書籍から引用しています。

『パターン認識と機械学習・上／下』C.M. ビショップ（著）、元田 浩、栗田 多喜夫、樋口 知之、松本 裕治、村田 昇（監訳）、丸善出版（2012）

機械学習を学ぼうとこの書籍に挑戦したものの、高度で理解しきれなかったという方も多いかもしれません。ITエンジニアに限らず、この「定番の教科書」を読破するための入門書として、本書を活用していただくこともできるでしょう。

■ 本書の読み方

本書は、第1章から順に読み進めることで、機械学習のさまざまなアルゴリズムを体系的に理解できるように構成されています。第1章では、「機械学習のビジネス活用」という観点を明確にするために、より大きなデータサイエンスの枠組みから機械学習をとらえます。その後、第2章〜第8章では、第1章で紹介する代表的な例題について、具体的なアルゴリズムを適用していきます。同じ問題に対して、複数のアルゴリズムを適用することで、それぞれのアルゴリズムの特徴や共通する考え方が理解できるようになります。

また、本書では、それぞれのアルゴリズムを実装した、Pythonによるサンプルコードを Google Colaboratoryのノートブックとして提供しています。サンプルコードを実行して得られる具体的な結果を観察することで、数式だけではわからない、アルゴリズムの本質をとらえることができるでしょう。

そして、機械学習のアルゴリズムを理解する上では、一定レベルの数学の知識が必要となります。本書では、「その数式は何を計算しているのか」という点をできるだけ平易に解説していますが、大学初等程度の数学の知識があれば、よりスムーズに理解を進めることができます。機械学習の前提となる数学を学びたい方は、参考文献の「数学の基礎」に示した書籍などを参考にしてください。

出版後に発見された修正点や補足情報については、技術評論社のWebサイトで公開していきます。

https://gihyo.jp/book/2021/978-4-297-12233-1

なお、「もう10年近く数学はやっていない……」という方のために、本書で使用する主な数学記号と基本公式を次ページ以降にまとめておきます。必要に応じて参照してください。

主な数学記号と基本公式

■ 和の記号

記号 Σ（シグマ）は和を表します。次は、x_1 から x_N までの足し算になります。

$$\sum_{n=1}^{N} x_n = x_1 + x_2 + \cdots + x_N \tag{1}$$

■ 積の記号

記号 $\prod$（パイ）は積を表します。次は、x_1 から x_N までの掛け算になります。

$$\prod_{n=1}^{N} x_n = x_1 \times x_2 \times \cdots \times x_N \tag{2}$$

■ 指数関数

記号 exp（エクスポネンシャル）は、自然対数の底（ネイピア数）$e = 2.718\cdots$ を用いた指数関数を表します。次は、e の x 乗を表す関数になります。

$$\exp x = e^x \tag{3}$$

指数関数の積は、引数の和に変換されます。

$$\prod_{n=1}^{N} e^{x_n} = e^{x_1} \times \cdots \times e^{x_N} = e^{x_1 + \cdots + x_N} = \exp\left\{\sum_{n=1}^{N} x_n\right\} \tag{4}$$

指数関数 e^x は、微分しても関数が変化しません。

$$\frac{d}{dx} e^x = e^x \tag{5}$$

■ 対数関数

記号 log（ログ）は、ネイピア数 $e = 2.718\cdots$ を底とする対数関数（自然対数）を表します[*1]。

$x = e$ を代入すると、ちょうど1になります。

$$\log e = 1 \tag{6}$$

対数関数は、次の対数法則を満たします。

$$\log \frac{ab}{c} = \log a + \log b - \log c \tag{7}$$

$$\log a^b = b \log a \tag{8}$$

これらより、(4)の形式の指数関数を対数関数に代入すると、式が簡単になります。

$$\log \left(\exp \sum_{n=1}^{N} x_n \right) = \log \left(\prod_{n=1}^{N} e^{x_n} \right) = \sum_{n=1}^{N} (x_n \log e) = \sum_{n=1}^{N} x_n \tag{9}$$

これは、対数関数 $\log x$ は、指数関数 e^x の逆関数であることを意味します。対数関数の微分は、次のとおりです。

$$\frac{d}{dx} \log x = \frac{1}{x} \tag{10}$$

＊1　文献によっては、10を底とする対数関数（常用対数）$\log_{10}$ を表すことがあります。自然対数であることを明示したい場合は、$\log_e$ と表します。

■ 偏微分

複数の変数を持つ関数について、特定の変数で微分することを偏微分と呼びます[*2]。

$$\frac{\partial f(x,\,y)}{\partial x} \ :\ y\text{を固定して}\,x\,\text{で微分する}$$

$$\frac{\partial f(x,\,y)}{\partial y} \ :\ x\text{を固定して}\,y\,\text{で微分する}$$

偏微分についても、合成関数の微分の公式が成り立ちます。

$$\frac{\partial f(g(x,\,y))}{\partial x} = f'(g(x,\,y)) \times \frac{\partial g(x,\,y)}{\partial x} \tag{11}$$

$f'(x)$は、1階の微分係数（導関数）を表します。

$$f'(x) = \frac{df(x)}{dx} \tag{12}$$

■ ベクトルの内積

太字の変数は、ベクトル、および、行列を表します。ベクトルについては、成分を縦に並べた「縦ベクトル」を基本とします。

$$\mathbf{x} = \begin{pmatrix} x_1 \\ x_2 \\ x_3 \end{pmatrix} \tag{13}$$

表記の都合上、横ベクトルで記載するときは、転置記号Tを用いて、縦ベクトルであることを示します。

$$\mathbf{x} = (x_1,\,x_2,\,x_3)^{\mathrm{T}} \tag{14}$$

逆に、縦ベクトルを転置すると、横ベクトルになります。

＊2　記号∂は、「デル」「ラウンドディー」などと読みます。

$$\mathbf{x}^{\mathrm{T}} = (x_1,\, x_2,\, x_3) \tag{15}$$

「横ベクトル」×「縦ベクトル」は、内積を表します。

$$\mathbf{w}^{\mathrm{T}}\mathbf{x} = (w_1,\, w_2,\, w_3)\begin{pmatrix} x_1 \\ x_2 \\ x_3 \end{pmatrix} = \sum_{i=1}^{3} w_i x_i \tag{16}$$

(11) を用いると、ベクトルの内積を代入した関数について、特定の成分で偏微分することができます。

$$\frac{\partial f(\mathbf{w}^{\mathrm{T}}\mathbf{x})}{\partial w_i} = f'(\mathbf{w}^{\mathrm{T}}\mathbf{x})\frac{\partial(\mathbf{w}^{\mathrm{T}}\mathbf{x})}{\partial w_i} = f'(\mathbf{w}^{\mathrm{T}}\mathbf{x})x_i \tag{17}$$

ベクトルの大きさは、次の記号で表します。

$$\|\mathbf{x}\| = \sqrt{\mathbf{x}^{\mathrm{T}}\mathbf{x}} = \sqrt{x_1^2 + x_2^2 + x_3^2} \tag{18}$$

■ 確率変数の期待値と分散

確率的にさまざまな値をとる変数 X を確率変数と呼び、$X = x$ という値をとる確率 (Probability) を $P(x)$ で表します。複数の確率変数がある場合は、どの確率変数に対応するかがわかるように、$P_X(x)$ のように表すこともあります。確率変数の期待値 (Expected value) E と分散 (Variance) V は、次式で定義されます。

$$E[X] = \sum_x xP(x) \tag{19}$$

$$V[X] = E\left[\{X - E(X)\}^2\right] \tag{20}$$

(19) の和 $\sum_x$ は、すべての場合の x について合計します。平均と分散について、次の公式が成り立ちます。

$$E[aX+b] = aE[X] + b \tag{21}$$

$$V[aX] = a^2 V[X] \tag{22}$$

$$V[X] = E[X^2] - (E[X])^2 \tag{23}$$

(21) より、$\overline{x} = E[X]$と置いて、次が成り立ちます。

$$E[X - \overline{x}] = E[X] - \overline{x} = 0 \tag{24}$$

2つの確率変数XとYが「独立である」というのは、$X = x$、かつ、$Y = y$となる確率（同時確率）$P(x, y)$がそれぞれの確率の積で表されることを示します。

$$P(x, y) = P_X(x) \times P_Y(y) \tag{25}$$

たとえば、2個のサイコロを振った時に、1のゾロ目が出る確率は、それぞれのサイコロの目が1になる確率1/6の積で計算できます。これは、それぞれのサイコロの目の確率が独立であることを示します。

確率変数XとYが独立な場合、$\overline{x} = E[X]$、$\overline{y} = E[Y]$として、次が成り立ちます[*3]。

$$\begin{aligned} E\left[(X-\overline{x})(Y-\overline{y})\right] &= \sum_{x,y}(x-\overline{x})(y-\overline{y})P(x, y) \\ &= \sum_{x}(x-\overline{x})P_X(x)\sum_{y}(y-\overline{y})P_Y(y) \\ &= E[X-\overline{x}]E[Y-\overline{y}] = 0 \end{aligned} \tag{26}$$

＊3　この関係は、「3.3.1 標本平均／標本分散の一致性と不偏性の証明」で用いています。

各章概要

■ 第1章　データサイエンスと機械学習

機械学習のアルゴリズムを学ぶ準備として、より大きなデータサイエンスの枠組みから機械学習をとらえます。「データサイエンスにおける機械学習の役割」を理解することで、機械学習のビジネス活用という観点から、アルゴリズムの特性をより明確に理解することができるようになります。また、第2章～第8章で使用する例題を先に解説した上で、サンプルコードの実行環境を準備する手順を説明します。

■ 第2章　最小二乗法：機械学習理論の第一歩

機械学習の基礎となる「回帰分析」の中で、最も基本的な「最小二乗法」のアルゴリズムを解説します。計算そのものはそれほど難しくありませんが、この手続きを通して、機械学習の理論的基礎となる「統計モデル」の考え方を理解していきます。また、機械学習の結果をビジネスに適用する上でのポイントとなる、「オーバーフィッティング」の検出について説明します。

■ 第3章　最尤推定法：確率を用いた推定理論

確率を利用した統計モデルの基礎となる「最尤推定法」の手続きを解説します。第2章と同じ例題を扱いながら、最小二乗法との類似点／相違点を整理した上で、機械学習における、確率を用いたモデルの役割を理解していきます。少し高度な話題として、推定量の「一致性」と「不偏性」についても解説を加えます。

■ 第4章　パーセプトロン：分類アルゴリズムの基礎

「分類アルゴリズム」の基礎となる「パーセプトロン」について解説します。数値計算を用いてパラメーターを修正してゆく「確率的勾配降下法」の手続きは、機械学習における数値計算手法の基礎となります。一般的な入門書ではあまり触れられていない点として、バイアス項の修正による収束速度の改善、および、アルゴリズムの幾何学的な解釈についても解説を行います。

■ 第5章　ロジスティック回帰とROC曲線：分類アルゴリズムの評価方法

最尤推定法を用いた分類アルゴリズムとして、「ロジスティック回帰」の解説を行います。ROC曲線を利用しながら、現実の問題に分類アルゴリズムを適用する際の考え方、そして、複数の分類アルゴリズムを比較する方法を学びます。数学的な興味を持つ読者のために、数値計算でパラメーターを修正していく「IRLS法」の厳密な導出も行います。

■ 第6章　k平均法：教師なし学習モデルの基礎

教師なし学習によるクラスタリングの基礎として、「k平均法」のアルゴリズムを解説します。また、具体的な応用例として、画像ファイルの減色処理を実装します。文書データの自動分類など、単純ながらも応用範囲の広いアルゴリズムです。さらに参考として、怠惰学習モデルである「k近傍法」を紹介した上で、機械学習における「データのモデル化」の意義について考えます。

■ 第7章　EMアルゴリズム：最尤推定法による教師なし学習

教師なし学習によるクラスタリングのアルゴリズムとして、最尤推定法を利用した「EMアルゴリズム」を紹介します。比較的複雑なアルゴリズムとなるため、手書き文字の分類問題に対する、具体的な適用例を通して解説を進めます。ここには、現実世界のデータが生成される過程を確率を用いてモデル化する、「生成モデル」の考え方が隠されています。

■ 第8章　ベイズ推定：データを元に「確信」を高める手法

モデルに含まれるパラメーターの値を確率的に推測する「ベイズ推定」の手法を解説します。理論的基礎となる「ベイズの定理」の解説からはじめて、第2章、第3章と同じ回帰分析の例題について、ベイズ推定を適用していきます。ベイズ推定には、計算で得られた結果の「確信度」がわかるという特徴があり、最尤推定法とは異なる、新たな知見を得られることがわかります。

目 次

データサイエンスと機械学習

第1章 データサイエンスと機械学習

機械学習を用いることで、さまざまなデータに対する予測・分析が可能になります。代表例をあげると、データが属するカテゴリーを予測する「予測モデル」の構築、あるいは、類似データを自動で分類する「クラスタリング」の処理などがあります。本書の主題は、このような機械学習のアルゴリズム、すなわち、「どのような仕組みや考え方でこのような分析が行われるのか」を理解することです。そして、その背後には、「データサイエンスにおける機械学習の役割を理解する」というより大きな目標があります。

本章では、機械学習を理解する事前準備として、ビジネスにおけるデータサイエンスの役割、そして、データサイエンスと機械学習の関係を整理します。次章から機械学習の具体的なアルゴリズムを学んでいきますが、「そのアルゴリズムで計算された結果は、どのようにビジネスに役立てられるのか？」という視点を持つことで、アルゴリズムの意味をより明確に理解することができます。データサイエンスの全体像をとらえることは、このような視点を得るための手助けにもなります。

1.1 ビジネスにおけるデータサイエンスの役割

「データサイエンス」という言葉は、さまざまな意味で用いられます。本書では、特に、ビジネスのために戦略的にデータを活用する手法、つまり、「データを活用して、より質の高いビジネス判断を行うこと」をデータサイエンスの目的と位置付けます。そして、これを実現するのが「データサイエンティスト」の役割です。

この時によく誤解されるのが、データサイエンティストとビジネスオーナーの役割分担です。データサイエンティストは、データに隠された「事実」を発見することが仕事であり、その事実に基づいてどのようなビジネス判断を行うかはビジネスオーナーの責任という考え方です。これはまったくの誤解で、データサイエンティストの役割を過小評価した考え方です。かつて、ウォルマートのCEOは、アメリカ本土にハリケーンが近づいた際に、過去のハリケーン襲来時の売上をデータサイエンティストに分析させたそうです。この時、CEOはどのような分析結果を期待するのでしょうか？

実際の分析結果が公表されているわけではありませんので、あくまで想像になりますが、たとえば、「ミネラルウォーターの売上が通常よりも30%伸びた」というような結果では意味がありません。事実としては正しいのかもしれませんが、これがどのようにビジネス判断の質を向上するのかは不明です。「ミネラルウォーターの在庫を増やせばよいのでは？」と考えることもできますが、それでは、どの店舗でどれだけの在庫を増やせば、利益はどれだけ増えると予測できるのでしょうか？　ここまでの疑問に具体的な数値で答えるのがデータサイエンティストの役割です。ビジネス判断というのは、未来の出来事に対する予測を含みますので、過去のデータから未来を予測する手法が必要になります。

ここに、データサイエンスが「サイエンス」、すなわち、「科学」である理由が隠されています。過去のデータに含まれる事実を抽出するだけであれば、さまざまなツールを使えば、ある程度は機械的に実施することができます。しかしながら、そこから未来を予測するには、何らかの仮説を立てて、それを検証していくという科学的な手法が必要になります。このような観点では、本書で解説する機械学習のアルゴリズムは、過去のデータを元にして未来の予測に役立つ「判断ルール」を導くものと言えます。しかしながら、そのルールを有益なビジネス判断に結びつけるには、もう一歩進んだ考察が必要になります。

わかりやすい具体例をあげてみましょう。機械学習の誤った活用例とも言える「イケてない例」ですので、思わず突っ込みたくなる点が多々あるはずです。具体的に、どこがイケてないのかを考えながら読み進めてください。内容は、機械学習の利用例としてよく取り上げられる「通信事業者の乗り換え問題」です。

スマートフォンや携帯電話の利用者が、契約更新のタイミングで契約する会社（通信事業者）を乗り換えるのはよくある話ですが、乗り換えられる通信事業者にとってはビジネス上のダメージとなる頭の痛い問題です。過去のデータを活用して、乗り換えを防止する方策が打てれば、ありがたい話です。ある通信事業者の営業部長は、データサイエンティストにそのような仕組みを作るように依頼しました。さて、このデータサイエンティストは何をするのでしょうか——。

まず、データサイエンティストは、分析の基礎となるデータを集める必要があります。どこから持ってきたのかわかりませんが、**図1.1**のような写真を集めてきました[*1]。これは、過去に契約更新を迎えた利用者の写真で、それぞれの利用者が通信事業者を乗り換えたかどうかという情報が付与されています。これを元にして、利用者の写真を撮るだけで、乗り換えるかどうか判定できる魔法のアプリケーションを作ろうというわけです。そんなことが可能かと怪しむかもしれませんが、データサイエンティストは、「決定木（けっていぎ）」の機械学習ライブラリーを用いてこれを実現することにしました。決定木というのは、いくつかの質問に答えていくと、どのグループに属するかが判定できる仕組みです。**図1.2**は、理科で習った「鳥類」「爬虫類」といった動物の種類を判定する決定木の例になります。

図1.1 データサイエンティストが収集したデータ

＊1 「どこから持ってきたかわからない」というのは、ここでの架空のストーリーにおける設定です。実際には、図1.1と図1.3は、巻末の参考文献[1]から引用しています。

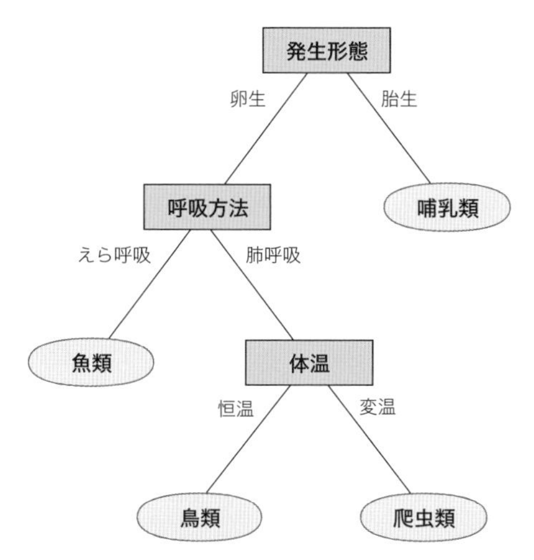

図1.2 動物の種類を判定する決定木の例

先ほどの写真データを決定木作成のライブラリーに投入すると、**図1.3**の結果が得られます。見た目で人を判断するのはよくありませんが、とにかく、体の特徴に関する質問に答えていくと、乗り換えた利用者かどうかが判定できます。少なくとも**図1.1**のデータについては、100%正しい判定を行うルールです。そこで、このルールを組み込んだアプリケーションを作成して、携帯ショップにやってきた顧客の写真を撮影して、乗り換えそうな利用者を判定することを営業部長に提案しました[*2]。乗り換えそうな利用者には、契約更新日が来る前に、通話料金の特別割引プログラムを紹介するなどして、乗り換えを防止してください、というわけです。

＊2 顧客の写真を勝手に撮影していいのかという問題には、目をつむることにしてください。

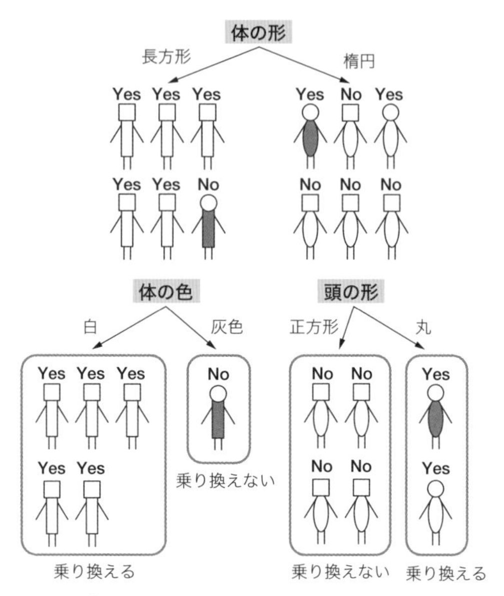

図1.3 機械学習で得られた「乗り換え判定」ルール

——この例におけるデータサイエンティストの仕事は、これで終わりです。この提案がビジネスに貢献するとは、とても思えませんが、この一連の仕事はどこに問題があったのでしょうか？　この疑問に答えるために、機械学習を中心としたデータサイエンスの全体像を**図1.4**のように整理してみましょう。

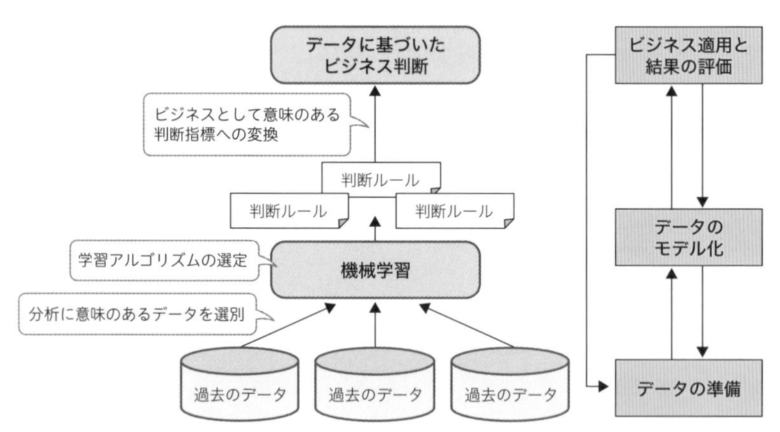

図1.4 データサイエンスの全体像

データサイエンスの観点からとらえると、機械学習は、これまでに蓄積した過去のデータを分析することで、新たな「判断ルール」を生み出す仕組みです。ただし、魔法のように未来を予測するルールを生み出すわけではありません。先ほどの**図1.3**が典型例とも言えますが、あくまでも分析に利用したデータを基準にしたルールが得られるだけです。未来の予測に役立つルール、すなわち、ビジネス判断に役立つルールを導き出すには、分析するデータの中身を理解して、「分析して意味のあるデータ」を選別する必要があります。分析対象の性質を表すデータを「特徴量」と呼ぶことがあります。データサイエンティストは、分析に使用する特徴量を適切に選び出す必要があるのです。しかしながら先ほどの例では、「利用者の写真」というデータが、目的に合致したデータであるかという考察が欠けていました。さすがにこの例であれば、「常識的に考えて何かおかしい」とすぐに気が付きますが、実際のデータサイエンスのプロジェクトにおいても、出どころがよくわからないデータを深く考えずに利用してしまい、これに類似の問題が発生することは十分にあり得ます。

さらには、機械学習に使用するアルゴリズムの選定にも知見が必要です。先ほどの例では、天下り的に決定木を使用しましたが、決定木以外のアルゴリズムを考慮しない理由はどこにもありません。データサイエンスの目的は、ビジネス判断の質を向上することですが、機械学習のアルゴリズムが導き出したルールをそのままビジネス判断に適用することはできません。それぞれのアルゴリズムがどのような仕組みでルールを生み出しているのかを理解した上で、目的に合致したアルゴリズムを選定し、そのアルゴリズムが導き出した結果を適切なビジネス判断に結びつける方法まで考える必要があります。

このように考えると、データサイエンティストに幅広い知識が要求される理由がよくわかります。まずは、ビジネスそのものの理解がなければ、ビジネス判断を助ける分析は行えません。また、ビジネス活動を通じて収集されたデータについても、その中身を理解して、分析に利用するべきデータを選別することが求められます。場合によっては、分析に必要なデータを新たに収集することを提案する必要もあるでしょう。

そして、これらの土台となる知識に加えて、本書のテーマである機械学習そのものの知識が求められます。先ほどの例にあるように、機械学習のライブラリーを使えば、とりあえずは何らかの結果が出力されます。しかしながら、まさにこの点が落とし穴になります。アルゴリズムの中身が理解できていなければ、その結果を信じてよいものかはわかりませんし、どのようなビジネス価値をもたらすのかもわからないでしょう。

これらの知識に基づいた、仮説／検証のサイクルがデータサイエンスの全体を構成します。**図1.4**の右側に示したように「データの準備→データのモデル化（分析）→ビジネス適用」という流れは、ソフトウェアのウォーターフォール開発のように一直線に進むわけではありません。それぞれの段階において、結果を評価しながら、試行錯誤を繰り返す必要があります。

本書の目標は、その中核となる機械学習のアルゴリズムを理解することです。本書で扱うのは、あくまでもアルゴリズムの基本部分になりますので、実際のビジネスに活用するには、まだ不十分な点もあります。しかしながら、「そのアルゴリズムで計算された結果は、どのようにビジネス活用できる可能性があるのか」「ビジネスに役立てるには何を考えないといけないのか」——このような点を補いながら解説を進めていきます。このような視点を持つことで、データサイエンスの本質を理解し、はっきりとした見通しを持って、さらに高度な機械学習を学んでいけるようになります。

それぞれのアルゴリズムの背後にある、数学的な理屈については、できるだけ、それぞれの数式の意味を説明するようにしています。数学的な厳密性にこだわる方向けの説明は、項を分けて記載しており、「数学徒の小部屋」と記してあります[*3]。数学が苦手な方は、この部分は完全には理解できなくてもさしつかえありません。

1.2 機械学習アルゴリズムの分類

これまで説明したように、機械学習のアルゴリズムは、与えられたデータ

＊3　「数学徒の小部屋」では、大学初等程度の線形代数、解析、確率統計の知識を前提として解説しています。数学の参考書については、巻末の参考文献を参照してください。

を元にして、何らかの「判断ルール」を生み出します。ここでは、生み出す判断ルールの種類によって、主要なアルゴリズムを分類します。これらは、アルゴリズム内部の数学的な手法で分類しているわけではありません。たとえば、ロジスティック回帰は、数学的な手法としては数値を予測する回帰分析の考え方を用いますが、一般には「分類ルール」を生み出すことを目的として利用されます。

ここですべての種類を網羅するわけではありませんが、「機械学習を用いて何を得たいのか」という目的で分類すれば、その数はそれほど多いわけではありません。本書では、主に、「分類」「回帰分析」「クラスタリング」のアルゴリズムを取り扱います。

1.2.1 分類：クラス判定を生み出すアルゴリズム

先ほどの例で登場した決定木のほか、第4章で解説する「パーセプトロン」、そして、第5章で解説する「ロジスティック回帰」などがこの仲間に入ります。複数のクラスに分類された既存のデータを元にして、新規のデータがどのクラスに属するかを予測するルールを導きます。

「通信事業者の乗り換え問題」では、契約更新を迎える利用者が「乗り換えるクラス／乗り換えないクラス」のどちらに属するかを予測するルールを導くことを考えました。通信事業者の例を続けると、新しい料金プランを提示した場合に、そのプランを「利用するクラス／利用しないクラス」に分類するなどもあるでしょう。分類するクラスは多数あっても構いません。複数の料金プランに対して、「どのプランを選択するか」を予測する例が考えられます。動物の画像ファイルを入力して、「犬」「猫」「馬」……といった動物の種類を判定する画像識別も分類のアルゴリズムになります。

あるいは、各クラスに属する確率を計算するアルゴリズムもあります。単純に「乗り換える／乗り換えない」の2種類に分類するのではなく、「この利用者が乗り換える確率は20%（乗り換えない確率は80%）」というような予測を行います。この種のアルゴリズムの典型例として、「スパムメールの判定」があります。利用者がこれまでにスパムと判断したメールを元にして、スパムメールの特徴を取り出しておき、新たに届いたメールについて、このメールがスパムメールの特徴をどの程度持つかを調べます。これにより、新たに届いたメールが「スパムである確率」を計算します。これも「スパムメールである／ない」という分類問題の一種ですが、スパムの確率が何％以上の場合に、実際にスパムと判断するかは、目的に応じて決定する必要があります。このあたりの詳細については、「5.2 ROC曲線による分類アルゴリズムの評価」で解説しますが、これもまた、機械学習を利用する目的、すなわち、ビジネスゴールの理解が求められる例と言えるでしょう。

1.2.2 回帰分析：数値を予測するアルゴリズム

回帰分析の目的は、数値を予測することです。既存のデータの背後には、何らかの関数が隠れていると考えて、その関数を推測することで、次に得られるデータの値を予測します。わかりやすい例としては、広告宣伝費と売上の関係などがあります。この2つを結びつける関数を推測することで、売上目標に対して、必要となる広告宣伝費を見積もることができます。**図1.5**では、広告宣伝費と売上の間にある直線的な関係（1次関数）を推測しています。図中の黒丸は、過去の実績データで、これらから推測される1次関数の関係が直線で示されています。この関係を元にして、「売上目標8,000を達成するには、広告宣伝費は720程度必要では？」といった予測をするわけです。

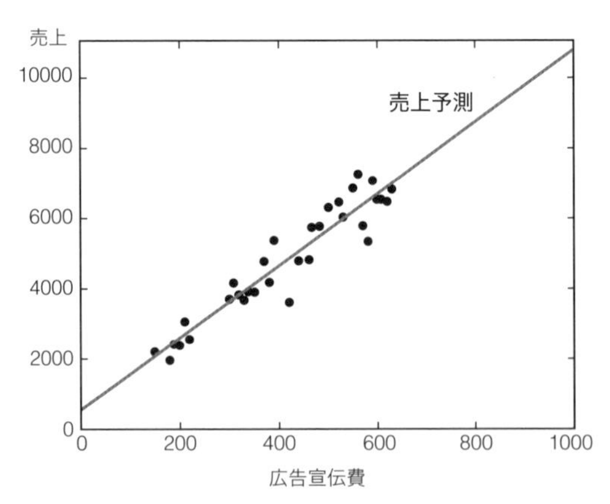

図1.5 広告宣伝費と売上の関係についての回帰分析

この例では、1つの値（広告宣伝費）のみを関数への入力値としていますが、一般には複数の値、すなわち、複数の特徴量を入力値とする関数を推測することができます。たとえば、データ分析のコンペティションを開催しているKaggleのWebサイトでは、回帰分析の練習問題として、「House Price Prediction with Boston Housing Dataset」が公開されています[*4]。この課題では、ボストンで過去に販売された住宅について、その販売価格に加えて、部屋数、税率、周辺の大気の状態（一酸化窒素濃度）などのさまざまなデータが与えられており、販売価格以外の複数の項目（特徴量）から、対応する販売価格を予測する回帰分析モデルを構築します。

その他には、通信事業者の例に戻って、新しい料金プランを用意する際に、料金プランの特性（基本料金や割引率など）に応じて、そのプランの利用者数を予測することも考えられます。先ほどの分類アルゴリズムでは、新しい料金プランを「利用する／しない」に分類する例をあげましたが、これとは少し観点が異なります。既存の利用者すべてについて「利用する／しない」を予測すれば、結果として、「利用する」人数の予測ができますが、回帰分析の場合は、個々の利用者について個別に判定するのではなく、トータルの利用者数を直接に予測します。

そして、回帰分析についても確率的な予測を行うことができます。第3章で説明する「最尤(さいゆう)推定法」、あるいは、第8章で解説する「ベイズ推定」を利用すると、予測される利用者数について、「95%の確率で10,000人±2,000人」、あるいは、「95%の確率で10,000人±500人」といった結果が得られます。この2つでは、予測の幅が異なる点に注意してください。同じ「10,000人」という予測でも、どこまでの確信を持って主張できるかが変わります。ビジネス判断の視点で考えると、最終的には、利用者数の予測を元にして、「どれだけ儲かるか」を計算することになります。予測の幅が示されることで、「最低でもこれだけの利益を確保するには何が必要か？」といった、より広い視点でのビジネス判断が可能になります。

図1.6は、先ほどの広告宣伝費と売上の関係について、予測の幅を持たせ

＊4　https://www.kaggle.com/c/house-price-prediction-with-boston-housing-dataset/

た推定結果の例です。ここでは、予測の幅が異なる2種類の結果を示しています。広告宣伝費を決めた場合に、対応する売上は95%の確率で破線にはさまれた範囲の値をとるものと予測しています。

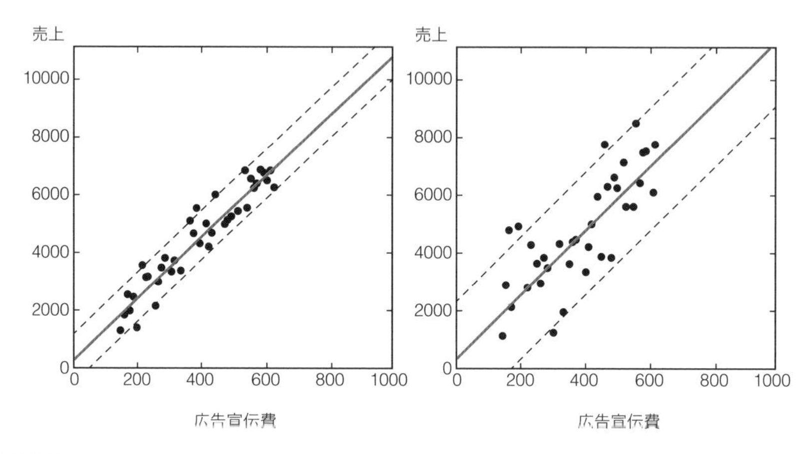

図1.6 広告宣伝費と売上の関係についての回帰分析

1.2.3 クラスタリング：教師なしのグループ化を行うアルゴリズム

先の2つのアルゴリズムでは、分析に使用するデータには、あらかじめ「答え」が与えられていました。たとえば、通信事業者の乗り換え問題では、実際に乗り換えたかどうかがわかっている利用者のデータを分析に使用しました。あるいは、ボストンの住宅価格を予測する練習問題では、すでに販売価格がわかっている過去の販売データを元にして予測モデルを構築します。このように、すでに答えがわかっているデータから、一般的な判定ルールを導く手法を「教師あり学習」と呼びます。

その一方で、「答え」が示されていないデータを元にして分析することもあります。たとえば、手書き文字の自動認識を考えます。大量の手書き文字のデータを収集して、それぞれが何の文字かというラベルを付与した上で、そこから自動認識ルールを生み出すという方法が考えられます。これは「教師あり学習」になります。しかしながら、大量のデータについて、人間が目視判断してラベルを付けていくのは大変です。そのようなラベルを付けずに、生の手書き文字データだけから分類する場合、これは「教師なし学習」になります。たとえば、「0」～「9」の数字の手書き文字だけであれば、すべてのデータを何らかの類似性を元に10種類のグループに分ければ、「0」～「9」の数字に正しく分類できるかもしれません。この時に使った「類似性」は、新たな手書きの数字を判定するのにも利用できるでしょう。このように、答えを表す「正解ラベル」を持たないデータについて、何らかの指標に基づいてグループに分けることを「クラスタリング」と呼びます。

通信事業者の例であれば、既存の利用者をいくつかのグループに分類することが考えられます。乗り換え問題のように、特別な目的を設定して分類するのではなく、プロフィール情報や利用状況などを元にして、何らかの意味で自然なグループ（クラスター）が形成されていることを見つけ出します。その後で、それぞれのグループの特徴を確認すれば、新たなサービスや料金プランを策定する時の参考になります。それぞれのグループについて新規サービスを利用する確率を求めるなど、新たな分析の元ネタとして利用することもできます。

先ほど、データサイエンティストは、分析対象の性質を表すデータ、すなわち、特徴量を選択する必要があると説明しました。上記の例は、このような特徴量を発見する補助的な手段として、クラスタリングを用いていることになります。個々の利用者のプロフィールや利用状況のデータをそのまま見ていても、どのような情報が予測に役立つかはわかりません。類似性の高い利用者ごとにグループを分けた後に、それぞれのグループの特性をあらためて調べることで、利用者を特徴づける要素を発見しようというわけです。オンラインゲームのユーザーをクラスタリングしたところ、ゲームをプレイする時間帯、あるいは、有償アイテムの購入頻度で複数のグループに分かれることが発見されたなどの例が想像できるでしょう。

コラム 「データとアルゴリズムの理解」の大切さ

数字の自動認識の応用として、自動車の写真画像からナンバープレートの数字を判読するという研究があります。あるセミナーで、このような研究の事例紹介として、発表者の方が2つの比較写真をスクリーンに映し出しました。1つはモザイクがかかったような低解像度の画像で、もう1つは非常に鮮明な画像です。これらは同じナンバープレートの画像で、低解像度の画像に研究成果の処理を施すと、鮮明な画像に生まれ変わるというわけです。

画像データに含まれる情報量だけを考えると、あり得ないような画像処理です。聴衆からは、本当にそんなことが可能なのかと驚きの声もあがりました。しかしながら、これは単なる画像処理というわけではありません。事前に大量のナンバープレートの画像を使って機械学習を行っており、与えられた低解像度の画像が学習に使ったどの画像に類似しているかという判定を行います。その上で、類似していると判定された一連の鮮明な画像を用いて、画像の復元処理を行うのです。これは、「与えられた画像はナンバープレートの画像である」という前提知識によって可能になる処理とも言えます。仮に、ナンバープレートではない画像に同じ復元処理を施すとどうなるでしょうか？　もしかすると、無関係なナンバープレートの画像が復元されるかもしれません。

この例からは、2つのことが学べます。1つはデータを理解することの重要性です。与えられたデータが「ナンバープレートの画像である」という理解がなければ、このような処理は不可能です。データサイエンティストは、与えられたデータがどのようなビジネスにおいて、どのようなプロセスで生まれたのかを理解することで、より効果的に機械学習を利用することができます。

そしてもう1つは、機械学習の結果は、アルゴリズムを理解した上で利用するということです。先ほどの例において、復元処理の仕組みを理解しないまま、ナンバープレートではない画像にこの復元処理を行ってしまうと、下手をすれば、証拠の捏造にもなりかねません。これからは、データ分析を専門としない一般人にとっても、「魔法のようなAI技術」にだまされないためには、機械学習の本質を知っておくことがよりいっそう大切になるでしょう。

1.2.4　その他のアルゴリズム

本書では詳しく扱いませんが、その他には、次のようなアルゴリズムがあります。

・時系列予測

時間と共に変動するデータについて、現時点までの変化を元にして、この後の変化を予測します。たとえば、小売店の売上データを考えた場合、曜日による変動や季節による変動といった周期的な変化に加えて、全般的に売上が伸びているといった大局的な変化があります。これらを総合して、この後の日々の売上の変化を予測するといった使い方があります。

・共起分析

アソシエーション分析とも呼ばれるもので、既存のデータから、同時に発生する事象を発見する「教師なし学習」の手法です。「Aを買った人は、Bも買っています」というレコメンデーションなどに用いられます。以前、「台風の日はコロッケが売れる」という話がネットで話題になったことがありましたが、これは、「台風が発生する」という事象と「コロッケが売れる」という事象が共起しているということです。コンビニの売上データ全体に共起分析を適用すれば、台風と関連性の高い商品を洗い出すといったこともできるでしょう。

・リンク予測

データ間の潜在的な「つながり」を予測する手法で、たとえば、SNS（ソーシャルネットワーキング・サービス）では、人間関係を予測するために利用します。友人関係が登録されていないAさんとBさんについて、共通の友人が多数いるなどの関連性に基づいて、「AさんとBさんは友人ではないか？」と予測します。

・強化学習

環境内を行動するエージェントが収集したデータを元にして、エージェントの適切な行動ポリシーを学習する手法です。自動運転技術が代表例で、その他には、ボードゲームやオンラインゲームのAIプレイヤーの作成にも利用されます。オンラインゲームのAIプレイヤーの場合、学習初期のエージェントは適切なプレイができないので、ゲーム開始直後のデータしか収集できません。しかしながら、学習が進むにつれて、より広い範囲のデータが収集できるようになり、その結果、より上手にプレイするエージェントへと育っていきます。このように、データの収集と学習を並行して行うのが強化学習の特徴です。

1.3 本書で使用する例題

本書では、具体的な例題を通してアルゴリズムを解説します。取り上げる問題は、典型例とも言えるごく少数の基本問題です。しかしながら、このような基本問題に複数のアルゴリズムを適用することで、それぞれのアルゴリズムの特徴、あるいは、機械学習の一般的な考え方がより鮮明に浮かび上がります。ここでは、第2章以降で取り上げる例題を事前に紹介しておきます。それぞれ、どのような手法で答えが得られるのか、想像を膨らませながら問題を読んでみてください。

1.3.1 回帰分析による観測値の推測

例題1

図1.7を見てください。x軸上に10箇所の観測点があり、それぞれの観測点xに対して、観測値tが1つずつ与えられています。数学的に表現すると、観測点と観測値の10組のペア$\{(x_n, t_n)\}_{n=1}^{10}$がデータとして与えられている状況です[*5]。ここでは、観測点$\{x_n\}_{n=1}^{10}$は、$0 \le x \le 1$の範囲をきれいに等分した点とします。観測点が10個あるので、9個の区間に等分していることになります。

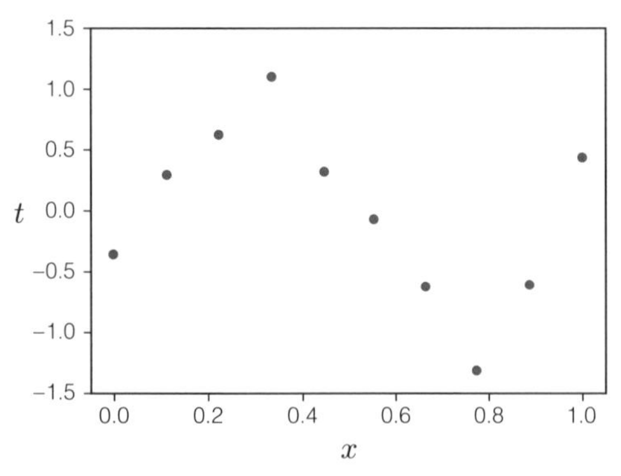

図1.7 10個の観測点から得られた観測値

＊5 $\{(x_1, t_1), (x_2, t_2), \cdots, (x_{10}, t_{10})\}$のように、10組のペアを並べたものをまとめて$\{(x_n, t_n)\}_{n=1}^{10}$と表します。同様に、10個の値を並べた$\{x_1, x_2, \cdots, x_{10}\}$を$\{x_n\}_{n=1}^{10}$と表します。

1 2 3 4 5 6 7 8

このデータを見ていると、xとtの間には、何らかの関数関係がありそうです。この関数を推測して、ある観測点xを次に観測した時に、観測値tがいくらになるかを予測してください。

解説

この例題では、計算を簡単にするために、xの範囲を$0 \leq x \leq 1$として、また、tの値は0を中心にばらつくようにしてあります。もう少し話を具体的にするために、このような値の範囲を忘れて、これは、ある都市の平均気温のデータだと考えてみてください。観測点xは観測月で、観測値tはその月の平均気温です。この場合、ある月の平均気温は事前に決められているわけではなく、観測する年度によって上下に変動するでしょう。今与えられている特定年度のデータだけを元にして、次に得られる観測値tを100%正確に予測することは、原理的に不可能です。

しかしながら、このような原理的に正解のない問題に対しても、ビジネスの世界では、何らかの答えを出すことが求められます。データサイエンティストであるあなたは、何らかの基準を設けた上で、予測した値がどこまで正しいと言えるかまでを判断する必要があります。

ここでは、この問題の「種明かし」を先にしておきます。このデータは、正弦関数$y = \sin(2\pi x)$に平均0、標準偏差0.3の正規分布の誤差を加えて生成しています。**図1.7**にこの正弦関数を重ねると、**図1.8**のようになります。平均0、標準偏差0.3の正規分布というのは、**図1.9**のように、およそ0 ± 0.3の範囲に散らばる乱数のことです[*6]。**図1.8**をよく眺めると、正弦関数から上下に（平均して）0.3程度はずれたところに観測値が存在することがわかります。

＊6　図1.9のグラフは正規分布の「確率密度」を表します。「数学徒の小部屋」（P.41）で説明しているように、確率密度の値そのものが確率になるわけではありません。このため、確率密度の値は1.0を超えることもあります。

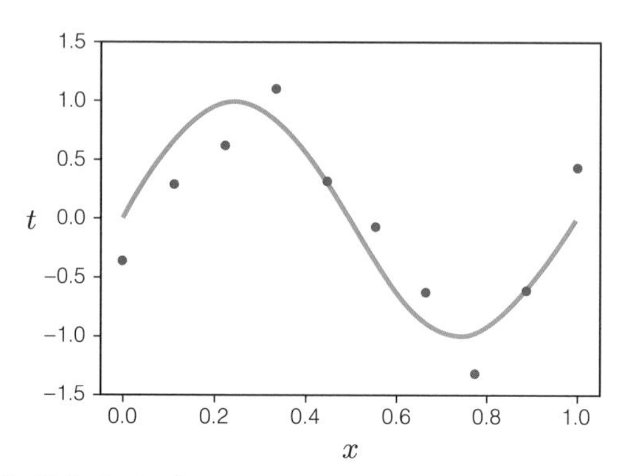

図1.8 データの生成源を重ねたグラフ

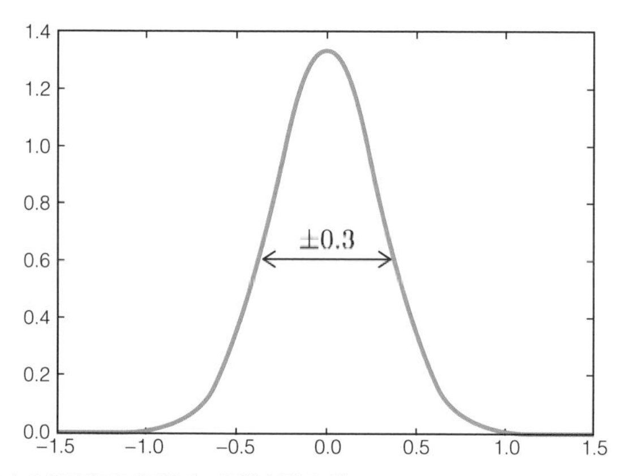

図1.9 正規分布の確率密度（平均0、標準偏差0.3）

予測するべき値（次に観測される値）についても、正弦関数から得られる値に対して、同じ正規分布の乱数が加わります。したがって、どれほど正確な予測をした場合でも、±0.3程度の誤差は必ず発生することになります。本書では、この問題に対して、「最小二乗法（第2章）」「最尤推定法（第3章）」「ベイズ推定（第8章）」の3種類のアルゴリズムを適用します。

数学徒の小部屋

第3章「最尤推定法：確率を用いた推定理論」では、正規分布を用いた計算が登場します。参考のため、ここで正規分布の数学的な性質を簡単にまとめておきます。まず、平均μ、分散σ^2（標準偏差σ）の正規分布に従う確率変数Xは、次の確率密度を持ちます。

$$p(x) = \frac{1}{\sqrt{2\pi\sigma^2}} e^{-\frac{1}{2\sigma^2}(x-\mu)^2} \tag{1.1}$$

確率密度の値そのものが確率を表すわけではなく、Δxを微小な値として、次に発生するXの値が$x_0 \sim x_0 + \Delta x$の範囲にある確率が$p(x_0)\Delta x$で与えられます。**図1.10**のように、μを中心として、およそ$\mu \pm \sigma$の範囲に散らばる乱数が得られます。

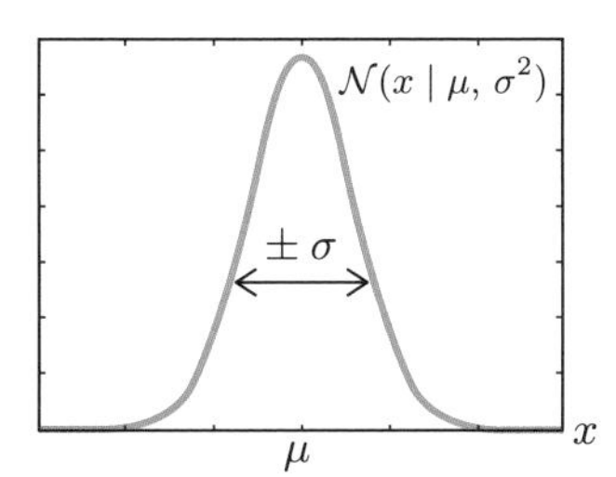

図1.10 正規分布の確率密度（平均μ、分散σ^2）

(1.1)はμとσ^2をパラメーターとして含むので、これ以降は、この確率密度を次の記号で表します。

$$\mathcal{N}(x \mid \mu, \sigma^2) = \frac{1}{\sqrt{2\pi\sigma^2}} e^{-\frac{1}{2\sigma^2}(x-\mu)^2} \tag{1.2}$$

一般に、次に発生する値が$x_1 < X < x_2$の範囲にある確率は、次の積分で与えられます。

$$P[x_1 < X < x_2] = \int_{x_1}^{x_2} \mathcal{N}(x \mid \mu, \sigma^2)\,dx \tag{1.3}$$

次の関係は、全確率が1になることを示します。

$$\int_{-\infty}^{\infty} \mathcal{N}(x \mid \mu, \sigma^2)\,dx = 1 \tag{1.4}$$

また、平均と分散の定義から次が成り立ちます。

$$\text{平均}：E[X] = \int_{-\infty}^{\infty} x\mathcal{N}(x \mid \mu, \sigma^2)\,dx = \mu \tag{1.5}$$

$$\begin{aligned}\text{分散}：V[X] &= E[(X-\mu)^2] \\ &= \int_{-\infty}^{\infty} (x-\mu)^2\mathcal{N}(x \mid \mu, \sigma^2)\,dx = \sigma^2\end{aligned} \tag{1.6}$$

次は、一般に成立する平均と分散の関係式です。

$$V[X] = E[X^2] - (E[X])^2 \tag{1.7}$$

また、第8章では、多変数の正規分布も取り扱います。正規分布に従うN次元ベクトル$\mathbf{x}=(x_1,\cdots,x_N)^{\mathrm{T}}$の確率密度は次式で与えられます[*7]。

$$\mathcal{N}(\mathbf{x}\mid\boldsymbol{\mu},\boldsymbol{\Sigma})=\frac{1}{\sqrt{(2\pi)^N|\boldsymbol{\Sigma}|}}\exp\left\{-\frac{1}{2}(\mathbf{x}-\boldsymbol{\mu})^{\mathrm{T}}\boldsymbol{\Sigma}^{-1}(\mathbf{x}-\boldsymbol{\mu})\right\} \tag{1.8}$$

ここに、$\boldsymbol{\mu}=(\mu_1,\cdots,\mu_N)^{\mathrm{T}}$は平均を表すベクトルで、$\boldsymbol{\Sigma}$は分散共分散行列と呼ばれる、$N\times N$の対称行列になります。特に$\mathbf{I}$を$N$次の単位行列として、$\boldsymbol{\Sigma}=\sigma^2\mathbf{I}$とすると、(1.8)は、次のように$N$個の1次元正規分布の積に分解されます。

$$\mathcal{N}(\mathbf{x}\mid\boldsymbol{\mu},\boldsymbol{\Sigma})=\mathcal{N}(x_1\mid\mu_1,\sigma^2)\times\cdots\times\mathcal{N}(x_N\mid\mu_N,\sigma^2) \tag{1.9}$$

つまり、この場合、$\mathbf{x}$の各成分x_nは、平均μ_n、分散σ^2の独立な正規分布に従います。

1.3.2 線形判別による新規データの分類

例題 2

図1.11を見てください。(x,y)平面上に多数のデータがプロットされています。それぞれのデータは属性値$t=\pm1$を持っており、○×の記号で属性値が示されています。数学的に表現すると、N個のデータ$\{(x_n,y_n,t_n)\}_{n=1}^N$が与えられている状況です。

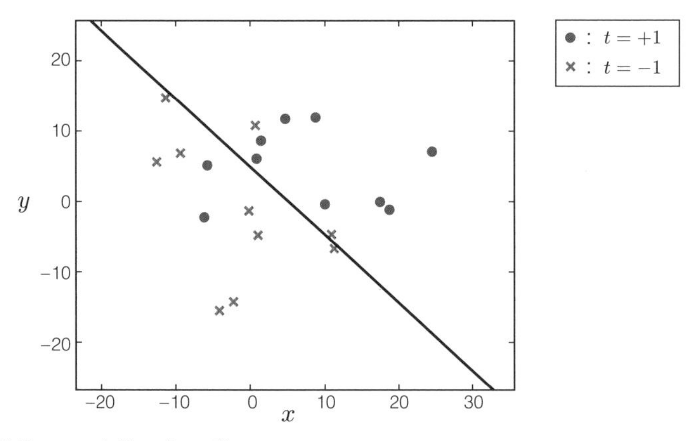

図1.11 属性値$t=\pm1$を持つデータ群

＊7 本書では、太字の変数$\mathbf{x}$は、成分を縦に並べた縦ベクトルを表します。本文内では、横ベクトルに転置記号Tを付けることで縦ベクトルを示しています。また、$|\boldsymbol{\Sigma}|$は、行列$\boldsymbol{\Sigma}$の行列式$\det\boldsymbol{\Sigma}$を表します。

与えられたデータを元にして、新たなデータの(x, y)の値が与えられた際に、その属性値tを推測するために利用できる(x, y)平面上の直線を決定してください。**図1.11**の例では、直線より右上のデータは○（$t = +1$）、左下のデータは×（$t = -1$）と推測します。

解説

話を具体的にするために、あるウィルスに感染しているかどうかを判別する一次検査の結果がxとyの2種類の数値で与えられており、○×は、実際にそのウィルスに感染していたかを表すものと考えてみます。例として、○が感染していたものとします。

この時、**図1.11**に示す様に、平面上の直線によって大雑把に○×を分類しておけば、新たに一次検査を受けた人の結果が直線のどちら側にあるかによって、検査結果を判断することが可能になります。直線の右上に入った場合は、ウィルスに感染している可能性が高いと考えて、精密検査を受けるように勧告するなどの対応をとると考えてください。

ただし、この例では、与えられたデータをすべて間違いなく分類する直線を引くことは不可能です。この「もっともらしい直線」には、ある程度の不確定性が残ります。繰り返しになりますが、絶対的な正解のない問題に対して、何らかの意味で最善の答えを出すことがデータサイエンティストの仕事です。データサイエンティストであるあなたは、何らかの基準を設けて、その上で最適と考える直線を求める必要があります。ビジネスオーナーに対して、どういう意味において最適なのかをわかりやすく説明する必要もあるでしょう。

本書では、この問題に対して、「パーセプトロン（第4章）」と「ロジスティック回帰（第5章）」の2種類のアルゴリズムを適用します。ロジスティック回帰においては、「最適な直線」の判断基準についても議論します。

1.3.3 画像ファイルの減色処理（代表色の抽出）

例題 3

図1.12 (a) のようなカラー写真の画像ファイルに対して、指定された数の「代表色」を抽出してください。さらに、画像ファイルの各ピクセルの色を

最も似ている代表色に置き換えることで、画像ファイルの減色処理を行ってください。**図1.12 (b)** は、3つの代表色を選んで減色した例になります。

(a) オリジナル画像

(b) 減色後の画像

図1.12 カラー写真の減色処理

解説

これは、教師なし学習である「クラスタリング」で解決する典型的な例題です。画像ファイルには多数の「色」が含まれていますが、これらを類似色のクラスターに分類することで代表色を決定します。本書では、この問題に対して「k平均法(第6章)」のアルゴリズムを適用します。シンプルなアルゴリズムですが、機械学習の実用例としての面白さが感じられる例題です。

1.3.4 教師なしデータによる手書き文字認識

例題 4

図1.13に示すような手書き文字(数字)の画像データが大量に与えられています。すべて同一サイズで、モノクロ2階調のビットマップファイルです。それぞれの画像が何の数字であるかを示す「正解ラベル」はありません。これらのファイルを同じ数字ごとに自動で分類してください。また、分類したそれぞれの数字について、それらの手書き数字を平均化した「代表文字」を作り出してください。

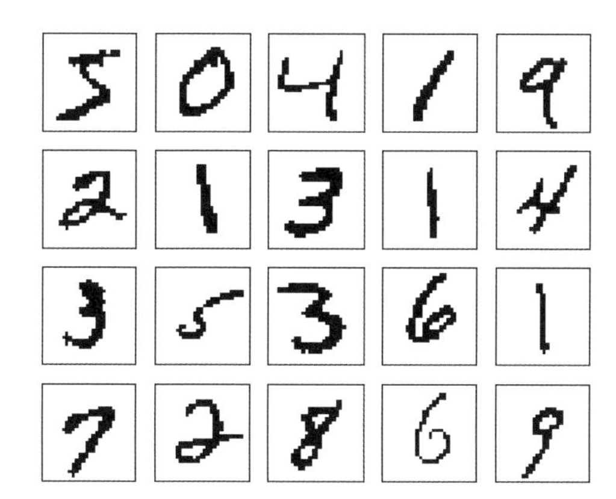

図1.13 手書き数字の画像データ

10種類の数字すべてを分類するのが困難な場合は、簡単のために、任意の3種類の数字だけを選択したデータを用いても構いません。

解説

考え方としては、[例題3]と同じクラスタリングに属する問題です。何らかの方法で、手書き文字の類似性を判断して、同じ文字ごとのグループを作ります。[例題3]と同じ「k平均法」を利用することもできますが、ここでは、「混合ベルヌーイ分布を用いたEMアルゴリズム(第7章)」を適用します。ここには、元の画像データがどのようなプロセスで生み出されたのかを考えて再現する、「生成モデル」の考え方が隠されています。

先に結果を紹介すると、**図1.14**のような結果が得られます。これは、「0」「3」「6」の3種類の数字のデータだけを用いてクラスタリングした結果です。一部、誤って分類されているデータもありますが、実は、ここから手書き文字に関する新たな知見を得ることができます。データサイエンスは、仮説と検証を繰り返す科学的な手法だと先に説明しました。この例題を通して、機械学習における探求的な手法の側面を紹介します。

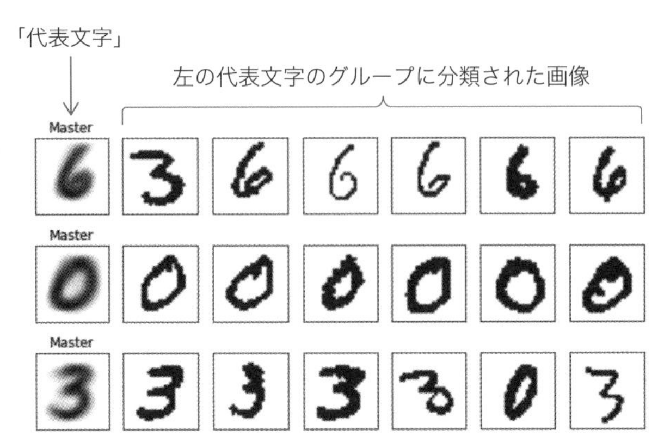

図1.14 手書き数字の分類結果

1.4 サンプルコード実行環境の準備

本書で解説するアルゴリズムは、当然のことながらプログラムのコードとして実装して、実行することができます。scikit-learnなど、既存の機械学習ライブラリーを使用することもできますが、本書では、それぞれのアルゴリズムをPythonで直接に実装した学習用のサンプルコードを提供します。専用のライブラリーに比べると機能や性能では劣りますが、解説したアルゴリズムがそのままの形で「本当に動くこと」が実感できるはずです。ここでは、サンプルコードの実行環境であるGoogle Colaboratoryを用いて、サンプルコードを実装したノートブックファイルを実行する手順を説明します。

1.4.1 データ分析に使用するツール

機械学習に限らず、Pythonでデータ分析を行う際は、いくつかの標準的なライブラリーを組み合わせて使用します。代表的なライブラリーには、次のようなものがあります。

- NumPy：ベクトルや行列を扱うための数値計算ライブラリー
- SciPy：科学技術計算用ライブラリー
- matplotlib：グラフ描画ライブラリー

- Pandas：2次元の構造化データ（スプレッドシート型のデータ）を扱うライブラリー
- PIL：画像データを操作するライブラリー
- scikit-learn：機械学習用ライブラリー
- TensorFlow/Keras：ニューラルネットワークモデルを構築するライブラリー

データ分析を行う際は、アプリケーションプログラムのようにコードをすべて書き上げてからまとめて実行するのではなく、1つひとつの処理結果を確認しながら、対話的に操作する必要があります。オープンソースのJupyter Notebookを利用すると、Webブラウザー上でPythonのコードを対話的に実行しながらデータ分析を進めることができます。Webブラウザーで「ノートブック」を開き、その中でPythonのコードを記述･実行していきます。

Googleが提供するColaboratoryは、Jupyter Notebookをカスタマイズしたサービスで、Googleアカウント（Gmailのアカウントと同じもの）があれば、誰でも無償で利用することができます。上述の標準的なライブラリーが事前にインストールされているので、必要なモジュールをインポートして、すぐに利用することができます。本書のサンプルコードは、Colaboratoryで作成したノートブックの形式で提供されています。また、Webブラウザーは、Chromeブラウザーを用いて動作確認をしています。Webブラウザーの違いで発生する問題を避けるために、Colaboratoryを使用する際は、Chrome ブラウザーを使用することをおすすめします。

1.4.2 Colaboratoryの使い方

Googleアカウントをまだ持っていない場合は、次のWebサイトの手順に従って、Googleアカウントを作成します。

- Googleアカウントの作成
  https://support.google.com/accounts/answer/27441

次に、ColaboratoryのWebサイトにアクセスします。

- Google Colaboratory
  https://colab.research.google.com

画面の右上に「ログイン」ボタンが表示された場合は、これをクリックして、先に用意したGoogleアカウントでログインします。すると、ノートブックを選択する画面（**図1.15**）が出るので、「ノートブックを新規作成」をクリックして、新規のノートブックを開きます。「キャンセル」を押した場合は、「Colaboratoryへようこそ」というタイトルのノートブックが開きますが、この場合は、**図1.16**のように「ファイル」メニューの「ノートブックを新規作成」から新規のノートブックを開くことができます。

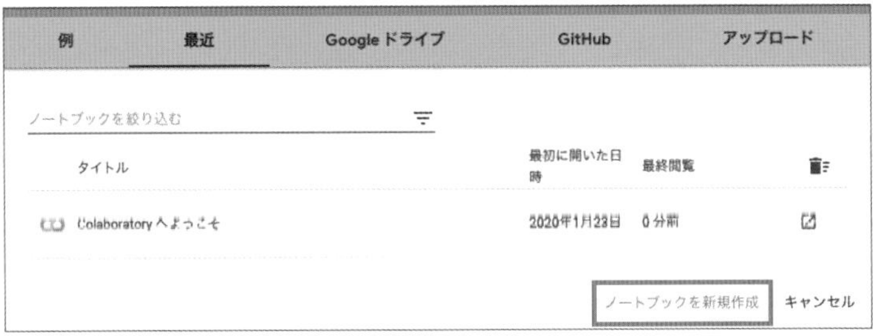

図1.15 ノートブックを選択する画面

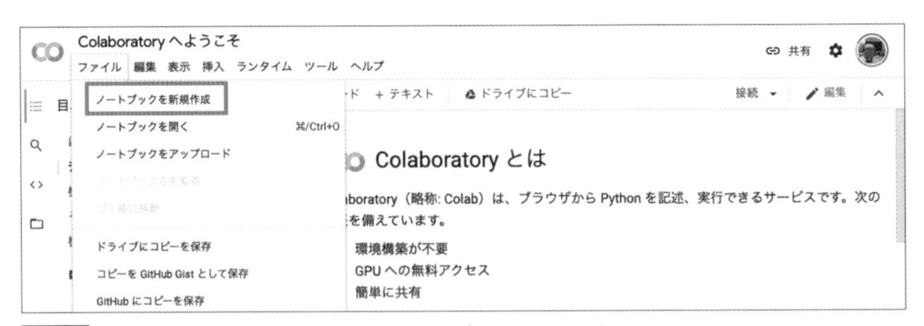

図1.16 「ファイル」メニューから新規のノートブックを開く場合

図1.17は、新規のノートブックを開いた様子です。画面左上の「Untitled0.ipynb」はノートブックのファイル名です。この部分をクリックしてファイル名を変更できますが、拡張子には必ず`.ipynb`を指定してください。この後

は、コード用のセルにPythonのコードを記述して実行することができます。[Ctrl]+[Enter] を押すか、左側の実行ボタンを押すと、実行結果が表示されます。新しいセルを追加する際は、画面上部のボタンを用います。

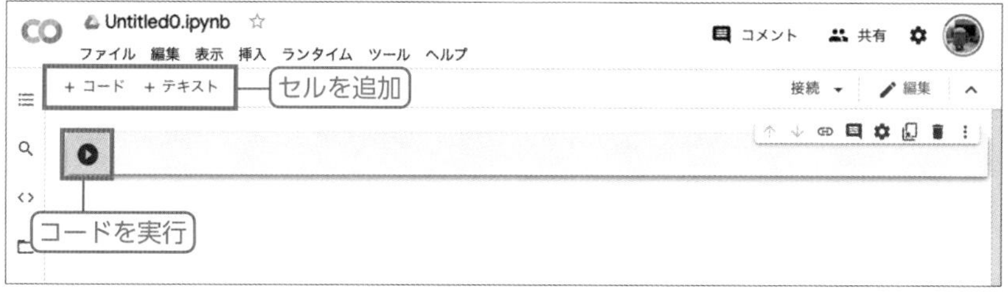

図1.17 新規のノートブックを開いた様子

図1.18は、実際にコードを実行した例ですが、1つのセルで実行した結果は内部的に保存されており、あるセルで変数に値を設定して、次のセルで変数の値を参照することもできます。最後に実行したコマンドの返り値が実行結果として表示されるようになっているので、たとえば、変数名だけを入力するとその値が結果として表示されます。もちろん、print文で明示的に表示することもできます。

```
[1] print('Hello, World!')

    Hello, World!

[2] x = 2
    y = x**10

[3] y

    1024
```

```
##マークダウン記法で文章や数式を記載することもできます。
$$
y = \sin(2\pi x)
$$
```

マークダウン記法で文章や数式を記載することもできます。

$$y = \sin(2\pi x)$$

図1.18 ノートブックによるコードの実行例

図1.18の最後には、テキスト用のセルを利用する例があります。このセルは、マークダウン記法で文章を記載することができます。この図では、マークダウンのソースと整形後のテキストの両方が表示されていますが、ほかのセルを選択すると、整形後のテキストのみが表示されます。この機能を利用すると、Pythonのコードに説明文を組み合わせた、「実行できるドキュメント」を作ることができます。

ノートブックの内容を編集した後は、「ファイル」メニューから「保存」を選ぶとノートブックのファイルがGoogleドライブに保存されます*8。Googleドライブ内のファイルを確認する際は、次のWebサイトからGoogleドライブを開いてください。「マイドライブ」の下にある、「Colab Notebooks」というフォルダー内にノートブックが保存されています。

- Googleドライブ
  https://drive.google.com/

最後に、本書のサンプルコードが記載されたノートブックをダウンロードしておきます。これは、次のGitHubリポジトリで公開されているもので、以下の手順でGoogleドライブに保存することができます。

- Colaboratory notebooks for
  「ITエンジニアのための機械学習理論入門：改訂版」
  https://github.com/enakai00/colab_mlbook

まず、新規のノートブックを開いて、コード用のセルで次のコマンドを実行します。

```
from google.colab import drive
drive.mount('/content/gdrive')
```

---

*8 Googleドライブは、クラウド上のファイル保存サービスですので、ローカルPCのディスク容量を気にせずにファイルを保存することができます。

これは、GoogleドライブのフォルダーをColaboratoryの実行環境にマウントするもので、これにより、ノートブックからGoogleドライブにアクセスできるようになります。**図1.19**のように、ユーザー認証のリンクが表示されるので、リンクをクリックして認証を行ってください[*9]。認証の際は、「Google Drive File StreamがGoogleアカウントへのアクセスをリクエストしています」というメッセージが表示されるので、「許可」をクリックします。すると、認証コードが表示されるので、それをコピー&ペーストでノートブックに入力します。フォルダーのマウントに成功すると、「Mounted at /content/gdrive」というメッセージが表示されます。

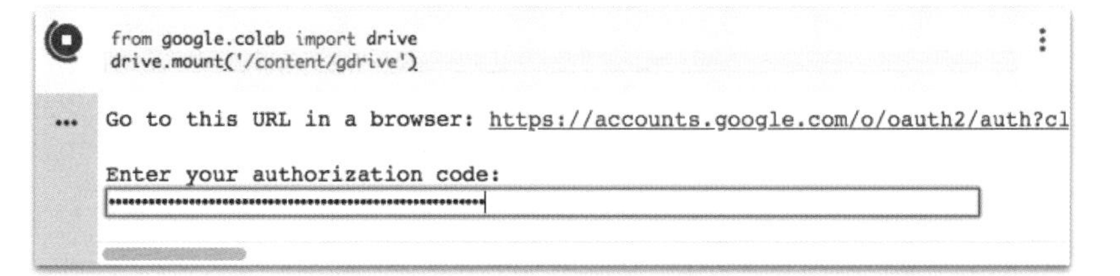

図1.19 認証コードを入力する様子

続いて、コード用のセルを追加して、次のコマンドを実行します。1行目の**%%bash**は、PythonではなくShellコマンドを実行するためのマジックコマンドです。

```
%%bash
cd '/content/gdrive/My Drive/Colab Notebooks'
git clone https://github.com/enakai00/colab_mlbook.git
```

これにより、GitHubリポジトリの内容がGoogleドライブの中にクローンされて、サンプルコードのノートブックが保存されます。Googleドライブを開いて、「マイドライブ」⇒「Colab Notebooks」⇒「colab_mlbook」の順にフォルダーを開くと、ノートブックのファイルが保存されています。ファイルが見つからない場合は、Googleドライブのページをリロードしてみてく

*9 すでにマウントされている場合は、「Drive already mounted at /content/gdrive;...」というメッセージが表示されます。

ださい。ファイル名の頭の数字は、該当のファイルを使用する章番号に対応しています。たとえば、「02-square_error.ipynb」は、第2章で使用するノートブックになります。

Googleドライブ上のノートブックをColaboratoryで開く際は、該当のファイルを右クリックして、メニューから「アプリで開く」⇒「Google Colaboratory」を選択します。本書のノートブックは、最初に開いた際に、コードの実行結果がすでに表示された状態になっています。新規にノートブックを実行する際は、「編集」メニューから「出力をすべて消去」を選択するとよいでしょう。これにより、既存の実行結果が消去されます。この後は、コード用のセルを上から順に実行していくことで、実行結果を確認することができます。もしくは、「ランタイム」メニューから「すべてのセルを実行」を選ぶと、ノートブック内のすべてのセルをまとめて実行することもできます。

なお、Colaboratoryは、Googleが提供するクラウドサービスで、Pythonの実行処理は、ローカルのPCではなく、クラウド上のランタイム（Pythonの実行エンジン）で行われます。ノートブックを開いた直後は、ランタイムはまだ割り当てられておらず、セル内のコードを最初に実行したタイミングで割り当てられます。1人のユーザーが同時に使用できるランタイムの数には制限があり、多数のノートブックを連続して開いていると、「セッションが多すぎます」というポップアップが表示されることがあります。ポップアップにある「セッションの管理」をクリックすると、稼働中のノートブック一覧（**図1.20**）が表示されるので、ここで不要なノートブックのランタイムを終了してください。**図1.20**の画面は、「ランタイム」メニューの「セッションの管理」でも表示できます。

図1.20 稼働中のノートブック一覧

また、ノートブック上のコードは、セルごとに対話的に実行を進めていきますが、先に説明したように、これまでの実行結果（変数の値や生成したオブジェクトなど）は、内部的に保存されます。このため、同じセルのコードを何度も再実行すると、変数の値やオブジェクトの内部状態が想定外の状態になり、実行結果がおかしくなることがあります。そのような場合は、ランタイムを再起動して、現在の実行状態をリセットした後に、最初のセルからコードを実行し直すとよいでしょう。ランタイムを再起動するには、「ランタイム」メニューから「ランタイムを再起動」を選択します。

ノートブック内のそれぞれのセルには、[02SE-01] のようなラベルが記載されており、本文でノートブック内のコードに言及する際は、ラベル名を用いて「[02SE-08] を実行するとグラフが表示されます」などと記載しています[*10]。なお、本書では、サンプルコードの書き方についての説明は行いません。「1.4.1 データ分析に使用するツール」で紹介した個々のツールの詳細については、巻末の参考文献[2][3][5]などを参照してください。

＊10 ラベルの前半部分はノートブックのファイル名に対応しており、たとえば、「02-square_error.ipynb」に対応するラベルは [02SE] となります。

最小二乗法：
機械学習理論の第一歩

第2章 最小二乗法：機械学習理論の第一歩

本章では、回帰分析の基礎となる最小二乗法を説明します。使用する例題は、「1.3.1 回帰分析による観測値の推測」で説明した［例題1］です。回帰分析では、与えられたデータがどのような関数から生み出されたのかという「関数関係」を推測することが、1つの目標となります。ここでは、多項式の関数関係があるものと仮定して、多項式から得られる予測値と実際の観測データの誤差を最小にするように多項式の係数を決定します。計算そのものはそれほど難しくありませんが、この手続きの中には、機械学習の理論的基礎となる「統計モデル」の考え方が凝縮されています。

この後は、具体的な計算方法を解説した上で、そこに含まれている、より一般的な統計モデルの考え方を説明していきます。さらに、「過去のデータから未来を予測する」という観点で重要となる、オーバーフィッティングの検出方法を説明します。

2.1 多項式近似と最小二乗法による推定

例題の内容をあらためて確認した上で、最小二乗法による解法を説明します。ここでは、求めるべき関数関係としてxの多項式を仮定して、観測データに対する二乗誤差を最小にするという条件から、多項式の係数を決定します。多項式の次数をどのように選ぶかについては、「2.2 オーバーフィッティングの検出」であらためて議論します。

2.1.1 トレーニングセットの特徴量と正解ラベル

［例題1］では、**図2.1**のように、$0 \leq x \leq 1$の範囲を等分する10箇所の観測点xに対して、それぞれに観測値tが与えられました。このデータから、xとtの関数関係を推測することが目標です。**図2.1**には、データを生成す

るために使った正弦関数$y = \sin(2\pi x)$も示されていますが、実際には、このグラフは見えていないものとしてください。数学的に言うと、10組の数値ペア$\{(x_n, t_n)\}_{n=1}^{10}$が分析対象のデータとして与えられており、これを機械学習のアルゴリズムに入力することで、xとtの関数関係を推測します。このように、機械学習の「元ネタ」として使用するデータのことを「トレーニングセット」と呼びます。

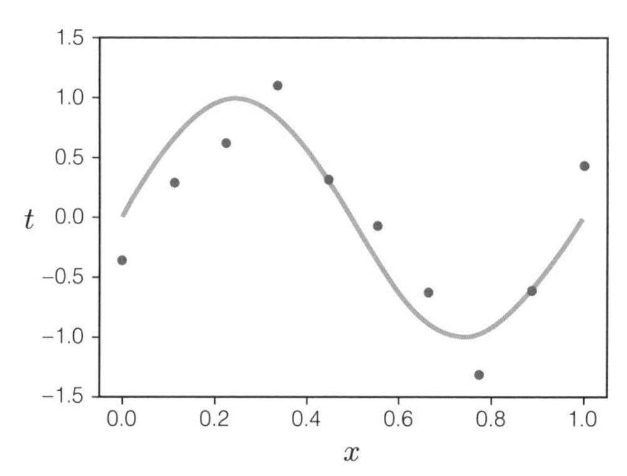

図2.1 機械学習に使用するトレーニングセット

また、この問題の最終的なゴールは、推測された関数を用いて、ある観測点xを観測した時に次に得られる観測値tがいくらになるかを予想することでした。つまり、xが与えられた際の対応するtの値を推定することが目的です。xによってtの値が決定されることから、統計学の世界では、xとtをそれぞれ「説明変数」「目的変数」と呼ぶことがあります。「tがある値をとる理由をxの値によって説明づけている」という考え方です。

一方、機械学習の世界では、xは分析対象の性質を特徴づける変数と考えて、「特徴量」と呼びます。また、具体的に観測されたtの値については、予測するべき正解を示すものと考えて、「正解ラベル」と呼ぶことがあります。本書では、機械学習の流儀に従って、xを「特徴量」と表現します。また、tについては、一般には「目的変数」と表現しますが、特に、個々のデータに含まれる具体的な値については「正解ラベル」と呼びます。

また、未来を的確に予測する上では、当然ながら、予測に適したデータを用いる必要があります。この例題では、特徴量xは最初から与えられていますが、現実の問題においては、どのようなデータを特徴量として使用するかは、データサイエンティストが自ら判断する必要があります。

2.1.2 多項式近似と誤差関数の設定

それでは、特徴量xと目的変数tの間にある関数関係を推測していきます。やや天下り的ですが、まずは、次のようなxの多項式を仮定します。

$$\begin{aligned} f(x) &= w_0 + w_1 x + w_2 x^2 + \cdots + w_M x^M \\ &= \sum_{m=0}^{M} w_m x^m \end{aligned} \tag{2.1}$$

2行目の表式では、任意のxについて、$x^0 = 1$という関係を使っています。多項式の次数（最大で何乗の項までを用いるか）については、ここでは、一般にMとしてありますが、実際に計算を行う際は、具体的な値を1つ固定します。どのような値に固定するのがよいかは後から考えることにして、とにかく、Mの値が決まっているものとすると、$M+1$個の係数$\{w_m\}_{m=0}^{M}$が未知のパラメーターとして残ります[*11]。これらのパラメーターをうまく決めることで、**図2.1**のトレーニングセットをできるだけ正確に再現する多項式を決定します。

ただし、何をもって「正確」とするかは、議論の余地があります。ここでは、$x_1 \sim x_{10}$の10箇所の観測点について、(2.1)で計算される値$f(x_n)$と実際に観測された値t_nを比較することにします。それぞれの差の2乗を合計したものをこの推定における「誤差」と定義します。

$$\{f(x_1) - t_1\}^2 + \{f(x_2) - t_2\}^2 + \cdots + \{f(x_{10}) - t_{10}\}^2 \tag{2.2}$$

この値が大きいということは、(2.1)で推定されるtの値は、実際の観測値とあまり一致しないことになります。逆に言うと、上記の値がなるべく小さくなる$f(x)$が得られるように、パラメーター$\{w_m\}_{m=0}^{M}$を決定すればよ

＊11　$\{w_0, \cdots, w_M\}$をまとめて$\{w_m\}_{m=0}^{M}$と表記しています。

いことになります。

ここで、この後の計算の都合で、(2.1) の値を1/2倍したものを「誤差 E_D」として定義します。観測点の数を N とすると、次のように表すことができます。

$$E_D = \frac{1}{2}\sum_{n=1}^{N}\{f(x_n) - t_n\}^2 \tag{2.3}$$

今の前提は $N = 10$ ですが、観測点の数が変わった場合にも適用できるように、一般の N で計算を進めます。(2.2) を最小にする条件と (2.3) を最小にする条件は同じですので、どちらで計算を進めても結果は変わりません。(2.3) に (2.1) を代入すると、次のようになります。

$$E_D = \frac{1}{2}\sum_{n=1}^{N}\left(\sum_{m=0}^{M} w_m x_n^m - t_n\right)^2 \tag{2.4}$$

添字がたくさん出てきて混乱しそうになりますが、(2.4) は、トレーニングセットとして与えられた具体的な観測値 $\{(x_n, t_n)\}_{n=1}^{N}$ を用いて計算される点に注意してください。これらの観測値は、問題の前提として与えられた定数値です。その一方で、多項式の係数 $\{w_m\}_{m=0}^{M}$ の値はまだわかりません。(2.4) を係数 $\{w_m\}_{m=0}^{M}$ の関数とみなして、これを最小にする係数の値を決定することがゴールになります。

一般に、(2.3) の形で計算される誤差を「二乗誤差」と呼びます。「二乗誤差を最小にする」という条件で答えを求めることから、この手法は「最小二乗法」と呼ばれます。

コラム　データサイエンスにおける「ドメイン知識」の意義

「1.3.1 回帰分析による観測値の推測」で[例題1]の解説をする際に、与えられたデータをある都市の月々の平均気温と考えてみてくださいと説明しました。過去の平均気温のデータを元にして、今年1年間の月々の平均気温を予測しようというわけです。本文では回帰分析を用いる前提で話が進んでいますが、実は、もっと簡単に予測する方法があります。過去のデータと同じ値をそのまま予測値として答えればよいのです。――「何だ馬鹿ばかしい」と思った方はいませんか？　確かに馬鹿ばかしいほど単純な方法ですが、そもそも、なぜこれでうまくいくのかを考えてください。

ここには、2つのポイントがあります。1つは「これは気温のデータである」という前提、もうひとつは、「気温は、毎年、同じような変化をする」という知識です。これが気温ではなく、どこかの工場の機器から得られたデータだとすれば、毎年同じような変化をするという保証はありません。第1章では、与えられたデータがどのようなビジネス活動を通じて収集されたかを理解することが大切だと強調しましたが、さらに、ビジネス活動の中身を理解していれば、データがどのような特徴を持っているかが事前にわかります。これは、未来の予測を立てる上での重要な情報になります。一般に、データを生み出すビジネスそのものに対する知識を「ドメイン知識」と呼びます。気温変化に関するドメイン知識があるからこそ、馬鹿ばかしいほど単純な予測手法が可能になるわけです。

それでは、本文で進めている回帰分析による予測は、「同じ値を答える」という方法よりも優れているのでしょうか？　この疑問に答えるには、気温変化に対するもう一歩踏み込んだ考察が必要になります。1年間の気温変化の背後には、物理法則に基づいた自然現象が隠されており、何らかの理論を用いれば、1年間の気温変化を厳密に数式で表現できる可能性があります。しかしながら、現実世界に現れるデータには必ず「ノイズ」が含まれます。結果として、毎年観測される気温は、理論的に決まる数式にランダムなノイズを加えた値になると想像できます。**図2.1**に示したなめらかな曲線が、理論的に決まる数式に対応しているとすれば、次に観測される値はこの曲線の上下に散らばります。したがって、たとえ100%の正解は出せないとしても、過去の値をそのまま答えるよりは、この曲線上の値を予測値とする方が、次の観測値に近い値になる可能性は高くなります。

2.1.3　誤差関数を最小にする条件

先ほど説明したように、ここからは、(2.4) を多項式の係数 $\{w_m\}_{m=0}^{M}$ の関数とみなして計算を進めます。このような意味で、(2.4) を「誤差関数」と呼ぶこともあります。ここまでのお膳立てができれば、この後は、純粋に数学的な計算になります。数学的に言うと、誤差関数 (2.4) を最小にするという「最小値問題」に帰着したわけです。

機械学習の計算では、このような最小値問題を解く場面がしばしば登場します。一般には、コンピューターを用いた数値計算で近似的に解を求めていきますが、今回の問題については、数値計算の必要はありません。紙と鉛筆による式変形だけで、答えを求めることができます[*12]。

1 2 3 4 5 6 7 8

数学徒の小部屋

それでは、(2.4) を最小にする係数 $\{w_m\}_{m=0}^{M}$ を決定しましょう。これは、(2.4) を $\{w_m\}_{m=0}^{M}$ の関数とみなした際の偏微分係数が0になるという条件で決定されます。

$$\frac{\partial E_D}{\partial w_m} = 0 \quad (m = 0, \cdots, M) \tag{2.5}$$

係数をまとめてベクトル $\mathbf{w} = (w_0, \cdots, w_M)^{\mathrm{T}}$ とみなせば、勾配ベクトルが $\mathbf{0}$ になると言っても構いません[*13]。

$$\nabla E_D(\mathbf{w}) = \mathbf{0} \tag{2.6}$$

ここでは、(2.5) の表式を用いて計算を進めます。(2.5) に (2.4) を代入して、偏微分を計算すると次が得られます。(2.4) を代入する際に、添字 m が被らないように、(2.4) の m を m' に変更しています。

$$\sum_{n=1}^{N} \left(\sum_{m'=0}^{M} w_{m'} x_n^{m'} - t_n \right) x_n^m = 0 \tag{2.7}$$

やや作為的ですが、これを次のように変形します。

$$\sum_{m'=0}^{M} w_{m'} \sum_{n=1}^{N} x_n^{m'} x_n^m - \sum_{n=1}^{N} t_n x_n^m = 0 \tag{2.8}$$

ここで、x_n^m を (n, m) 成分とする $N \times (M+1)$ 行列 $\mathbf{\Phi}$ を用いると、これは、行列形式で書き直すことができます。

$$\mathbf{w}^{\mathrm{T}} \mathbf{\Phi}^{\mathrm{T}} \mathbf{\Phi} - \mathbf{t}^{\mathrm{T}} \mathbf{\Phi} = \mathbf{0} \tag{2.9}$$

＊12 数学者であれば、「解析的に解ける」などと言うところです。

＊13 勾配ベクトルについては、「4.1.3 勾配ベクトルによるパラメーターの修正」で詳しく説明します。

$\mathbf{w}$ は先ほど定義した $\mathbf{w}=(w_0,\cdots,w_M)^{\mathrm{T}}$ で、求めるべき係数を並べたベクトルです。また、$\mathbf{t}$ は正解ラベルを並べたベクトル $\mathbf{t}=(t_1,\cdots,t_N)^{\mathrm{T}}$ です。さらに、$\boldsymbol{\Phi}$ の成分を書き下すと次のようになります。N 個の観測点 $\{x_n\}_{n=1}^N$ について、それぞれを $0\sim M$ 乗した値を並べた行列です。

$$\boldsymbol{\Phi}=\begin{pmatrix} x_1^0 & x_1^1 & \cdots & x_1^M \\ x_2^0 & x_2^1 & \cdots & x_2^M \\ \vdots & \vdots & \ddots & \vdots \\ x_N^0 & x_N^1 & \cdots & x_N^M \end{pmatrix} \tag{2.10}$$

ここまでくれば、後は行列の式変形で係数 $\mathbf{w}$ を求めることができます。(2.9) の両辺について転置をとって、少し変形すると、次の結果が得られます。

$$\mathbf{w}=(\boldsymbol{\Phi}^{\mathrm{T}}\boldsymbol{\Phi})^{-1}\boldsymbol{\Phi}^{\mathrm{T}}\mathbf{t} \tag{2.11}$$

$\boldsymbol{\Phi}$ と $\mathbf{t}$ の定義を思い出すと、これらはトレーニングセットに含まれる観測データから決まるものになります。つまり、(2.11) は、与えられたトレーニングセットを用いて、多項式の係数 $\mathbf{w}$ を決定する公式になっています。

なお、ここまでの議論では、E_D の偏微分係数が0、すなわち、E_D が停留値をとるという条件だけで計算を進めてきました。これは、E_D が最小値をとるための必要条件ですが、十分条件というわけではありません。また、(2.11) には行列 $\boldsymbol{\Phi}^{\mathrm{T}}\boldsymbol{\Phi}$ の逆行列が含まれていますが、これが確かに逆行列を持つことの確認も必要です。

これらを厳密に議論するには、E_D の2階偏微分係数を表すヘッセ行列を用います。ヘッセ行列 $\mathbf{H}$ は、次の成分を持つ $(M+1)\times(M+1)$ の正方行列です。

$$H_{mm'}=\frac{\partial^2 E_D}{\partial w_m \partial w_{m'}} \quad (m,\, m'=0,\cdots,M) \tag{2.12}$$

E_D の定義 (2.4) を代入すると次が得られます。

$$H_{mm'}=\sum_{n=1}^{N} x_n^{m'} x_n^{m} \tag{2.13}$$

(2.10) を用いると、(2.11) で逆行列をとっている部分の行列がヘッセ行列に一致することがわかります。

$$\mathbf{H}=\boldsymbol{\Phi}^{\mathrm{T}}\boldsymbol{\Phi} \tag{2.14}$$

この時、$M+1\leq N$、すなわち、係数の個数 $M+1$ がトレーニングセットのデータ数 N 以下であれば、ヘッセ行列は正定値であることがわかります。正定値というのは、任意のベクトル $\mathbf{u}\neq\mathbf{0}$ に対して、$\mathbf{u}^{\mathrm{T}}\mathbf{H}\mathbf{u}>0$ が成立することを言います。今の場合は、(2.14) より、次のように計算されます。

$$\mathbf{u}^{\mathrm{T}}\mathbf{H}\mathbf{u} = \mathbf{u}^{\mathrm{T}}\boldsymbol{\Phi}^{\mathrm{T}}\boldsymbol{\Phi}\mathbf{u} = \|\boldsymbol{\Phi}\mathbf{u}\|^2 > 0 \tag{2.15}$$

最後の（等号を含まない）不等式が成立するのは、$\boldsymbol{\Phi}\mathbf{u} \neq \mathbf{0}$の場合に限りますが、$\boldsymbol{\Phi}$の定義(2.10)を思い出すと、$\boldsymbol{\Phi}\mathbf{u} = \mathbf{0}$は、要素数が$M+1$のベクトル$\mathbf{u}$に対する$N$本の斉次な連立一次方程式になりますので、$M+1 \leq N$の場合、自明でない解$\mathbf{u} \neq \mathbf{0}$を見つけることはできません*14。したがって、$\boldsymbol{\Phi}\mathbf{u} \neq \mathbf{0}$は必ず成立して、ヘッセ行列$\boldsymbol{\Phi}^{\mathrm{T}}\boldsymbol{\Phi}$は正定値となります。

さらに、正定値な行列は逆行列を持つことが証明できるので、逆行列$(\boldsymbol{\Phi}^{\mathrm{T}}\boldsymbol{\Phi})^{-1}$が確かに存在して、停留点は(2.11)で一意に決まります。そして、ヘッセ行列が正定値であることから、この停留点はE_Dの極小値を与えることが示されます*15。これで、(2.11)はE_Dを極小にする唯一の$\mathbf{w}$であり、E_Dの最小値を与えることが示されました。

一方、$M+1 > N$、すなわち、係数の個数がトレーニングセットのデータ数を超える場合はどうなるでしょうか？　この場合、ヘッセ行列は半正定値（$\mathbf{u}^{\mathrm{T}}\mathbf{H}\mathbf{u} \geq 0$）となるため、$E_D$を最小にする$\mathbf{w}$は複数存在して、一意に決定されなくなります。この点については、この次の「2.1.4 サンプルコードによる確認」であらためて解説します。

2.1.4 サンプルコードによる確認

少し長く計算が続いたので、あらためて計算結果を公式としてまとめておきます。分析対象となるトレーニングセット$\{(x_n, t_n)\}_{n=1}^{N}$が与えられた際に、これを用いて新たな観測値tを推測するためのM次多項式$f(x)$を決定することが目標です。具体的には、次式の係数$\{w_m\}_{m=0}^{M}$を決定します。

$$f(x) = \sum_{m=0}^{M} w_m x^m \tag{2.16}$$

ここでは、次で計算される二乗誤差を最小にするという条件を用います。

$$E_D = \frac{1}{2}\sum_{n=1}^{N}\{f(x_n) - t_n\}^2 \tag{2.17}$$

*14　これを言うには、$\boldsymbol{\Phi}$の各列を構成するベクトルが互いに一次独立であることを示す必要がありますが、これは、(2.10)から確認できます。

*15　詳細については、「2.3 付録 — ヘッセ行列の性質」で解説しています。今の場合、ヘッセ行列はあらゆる$\mathbf{w}$において正定値なので、E_Dは下に凸であることになります。

$M+1 \leq N$、すなわち、係数の個数$M+1$がトレーニングセットに含まれるデータ数N以下であれば、この条件から決まる係数は、次式で計算することができます。

$$\mathbf{w} = (\mathbf{\Phi}^{\mathrm{T}}\mathbf{\Phi})^{-1}\mathbf{\Phi}^{\mathrm{T}}\mathbf{t} \tag{2.18}$$

$\mathbf{w}$は求めるべき係数を並べたベクトル$\mathbf{w} = (w_0, \cdots, w_M)^{\mathrm{T}}$で、$\mathbf{t}$はトレーニングセットに含まれる正解ラベルを並べたベクトル$\mathbf{t} = (t_1, \cdots, t_N)^{\mathrm{T}}$です。$\mathbf{\Phi}$は、$N$個の観測点$\{x_n\}_{n=1}^{N}$について、それぞれを$0 \sim M$乗した値を並べた行列です。

$$\mathbf{\Phi} = \begin{pmatrix} x_1^0 & x_1^1 & \cdots & x_1^M \\ x_2^0 & x_2^1 & \cdots & x_2^M \\ \vdots & \vdots & \ddots & \vdots \\ x_N^0 & x_N^1 & \cdots & x_N^M \end{pmatrix} \tag{2.19}$$

与えられたトレーニングセットを元にして、(2.18)の計算を行えば、多項式$f(x)$を決定して、そのグラフを描くことができます。ここでは、ノートブック「02-square_error.ipynb」を用いて、実際にグラフを描いて結果を確かめます。

ノートブックのセルを上から順に、[02SE-01]から[02SE-08]まで実行します。[02SE-08]を実行したところで、**図2.2**のようなグラフが表示されます。このノートブックでは、「1.3.1 回帰分析による観測値の推測」にある[例題1]の解説に示した方法でトレーニングセットのデータを生成して、それに対して$M = 0, 1, 3, 9$の4種類の次数の多項式を適用しています。乱数による誤差を加えてデータを生成しているため、実行ごとに異なるトレーニングセットが用いられますが、**図2.2**は、その代表的な結果を表します。

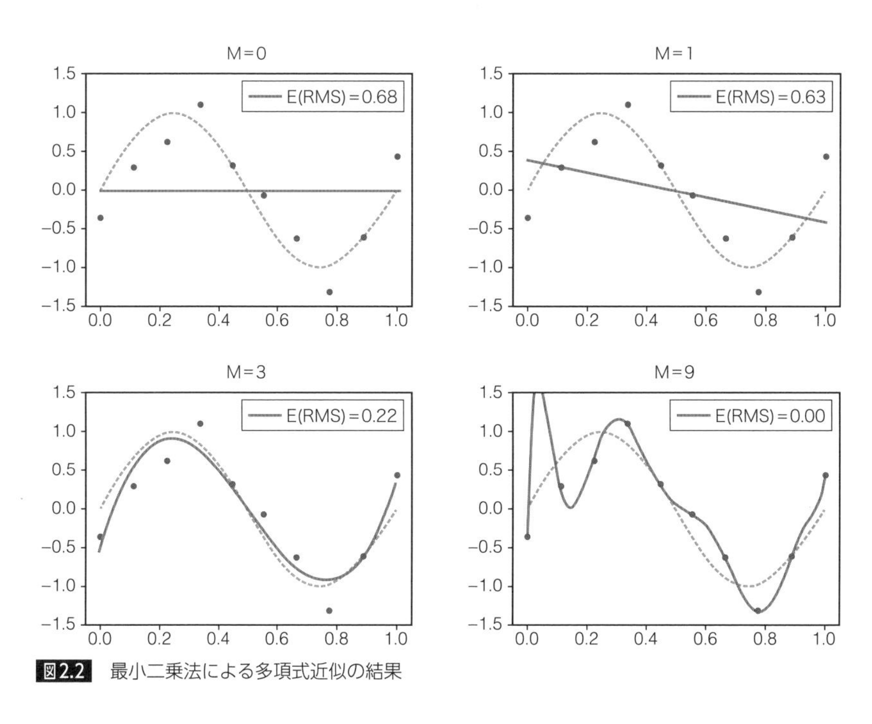

図2.2 最小二乗法による多項式近似の結果

図2.2の破線の曲線は、データの生成源となる正弦関数$y=\sin(2\pi x)$です。これに、標準偏差0.3の乱数を加えて得られたデータが丸い点で示されています。このデータから、最小二乗法で得られた多項式が実線のグラフになります。$M=0$の場合、多項式は$f(x)=w_0$のように定数項だけになりますので、グラフは横一直線です。$M=1$は、$f(x)=w_0+w_1x$で決まる直線になります。さらに次数が上がるにつれて、グラフの形は複雑になっていきます。さらに、[02SE-09] を実行すると、**図2.3**のような結果が表示されます。これは、計算で得られた係数$\{w_m\}_{m=0}^{M}$の具体的な値を示しています。

	M=0	M=1	M=3	M=9	
0	-0.025207	0.371277	-0.551234	-0.354580	← w_0
1	NaN	-0.792962	13.616334	125.815856	← w_1
2	NaN	NaN	-37.091240	-2661.720043	← w_2
3	NaN	NaN	24.366546	22744.533488	
4	NaN	NaN	NaN	-100737.408518	
5	NaN	NaN	NaN	257205.193984	⋮
6	NaN	NaN	NaN	-393640.726626	
7	NaN	NaN	NaN	-356597.807600	
8	NaN	NaN	NaN	-176266.052730	
9	NaN	NaN	NaN	36633.349706	← w_9

図2.3 最小二乗法で計算された係数の値

図2.2の4つのグラフを眺めていると、元の正弦関数$y = \sin(2\pi x)$に最も近いのは、$M = 3$のグラフのように思われます。$M = 9$のグラフは、トレーニングセットに含まれるすべての点を通過していますが、全体としては、いびつな形になっています。「2.1.2 多項式近似と誤差関数の設定」では、「Mの値は後から考える」と説明しましたが、この結果を見る限りでは、$M = 3$を採用するのがよさそうです。

ただし、見た目の感覚で判断するのはよくありません。今回は扱うデータが単純なので、簡単にグラフを描くことができますが、複数の特徴量がある場合は、グラフを描くのが困難になります。グラフを描かずに、より客観的な視点で最適な次数Mを決定する手法が必要となります。この点については、この後の「2.2 オーバーフィッティングの検出」で解説します。

ここで、**図2.2**に示された「E(RMS)」という値について補足しておきます。それぞれのグラフは、二乗誤差E_Dを最小にするという条件で多項式の係数を決定したわけですが、最小化されたE_Dの具体的な値を見ることで、新たな知見を得ることができます。ただし、ここでは、E_Dそのものではなく、少し手を加えた次の値を用います。

$$E_{\mathrm{RMS}} = \sqrt{\frac{2E_D}{N}} \tag{2.20}$$

これは、平方根平均二乗誤差(Root Mean Square Error)と呼ばれる値で、「多項式から予測される値と正解ラベルが、平均的にどの程度異なっているか」を示します。**図2.2**の「E(RMS)」は、それぞれのグラフについて、この値を表示しています。平方根平均二乗誤差が上記の意味を持つことは、E_Dの定義を振り返ると理解できます。

$$E_D = \frac{1}{2}\sum_{n=1}^{N}\{f(x_n) - t_n\}^2 \tag{2.21}$$

これは、トレーニングセットに含まれるN個のデータについて、「多項式から予測される値と正解ラベルの差の2乗を合計したものの半分」になっています。したがって、これを$2/N$倍することで、「多項式から予測される値と正解ラベルの差の2乗の平均値」になります。さらに、この平方根をとることで「2乗」の効果を取り除いたものが、平方根平均二乗誤差です。

論より証拠で、**図2.2**に示した多項式近似の曲線が、トレーニングセットのデータとどの程度離れているか見てみましょう。$M = 0$の場合、多項式近似の直線はほぼ0ですが、トレーニングセットのデータは、おおよそ0〜±1の範囲に散らばっています。したがって、$E_{\mathrm{RMS}} = 0.68$、すなわち、平均的に0.68程度離れているというのはもっともらしい結果です(**図2.4**)。多項式の次数が上がると、多項式近似の曲線は正解ラベルの近くを通るようになるので、E_{RMS}の値は徐々に減少していきます。$M = 3$では$E_{\mathrm{RMS}} = 0.22$ですが、多項式近似の曲線と各データは、確かに0.22程度離れています。

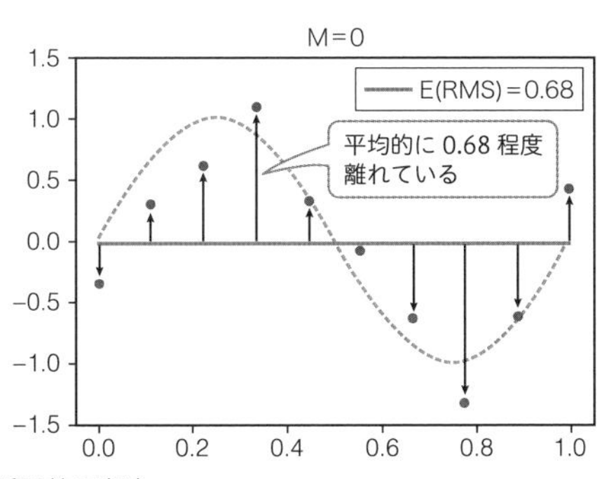

図2.4 平方根平均二乗誤差の意味

$M=9$の場合は少し極端で、先に触れたように、多項式近似の曲線はすべてのデータを正確に通過しています。したがって、$E_{\mathrm{RMS}}=0$となります。実は、この結果は、パラメーターの数を考えるとあたり前とも言えます。$M=9$の場合、多項式の係数は$w_0 \sim w_9$の10個あります。10個のパラメーターを調整すれば、任意の10個の点を通過する曲線を作り出すことができますので、必ず誤差を0にすることが可能になります。

さらに言うと、$M \geq 10$の場合は、データ数よりもパラメーターの個数の方が多くなるため、すべてのデータを通過する、すなわち、$E_{\mathrm{RMS}}=0$となる係数は無数に存在します。「2.1.3 誤差関数を最小にする条件」では、一般に、$M+1>N$（つまり、$M \geq N$）の場合は、公式(2.11)が成り立たず、係数が一意に定まらないことを説明しました。ちょうど、これと同じことを言っているわけです。

2.1.5 統計モデルとしての最小二乗法

トレーニングセットに最小二乗法を適用することで、次に得られるtを予測するための多項式$f(x)$を決定することができました。最適な多項式の次数Mを決定するという問題がまだ残っていますが、ここで一度、一般的な統計モデルの観点から最小二乗法の手続きを振り返っておきます。

「統計モデル」を正確に定義するのはなかなか難しいのですが、ここでは、「何らかの現象について、統計学的な手法を用いて、それを説明、あるいは、予測するモデル（数式）を作り出すこと」としておきます。この際、パラメトリックモデルと呼ばれる手法では、次の3つのステップでゴールとなるモデル、すなわち、数式を決定します*16。

(1) パラメーターを含むモデル（数式）を設定する

(2) パラメーターを評価する基準を定める

＊16 厳密に言うと、パラメトリックモデルは、パラメーターを持った確率分布を用いたモデルになりますが、ここでは、現象を説明／予測する何らかの「数式」を扱うものとしてとらえています。確率分布を用いたモデルは、「第3章 最尤推定法：確率を利用した推定理論」で登場します。

(3) 最良の評価を与えるパラメーターを決定する

まず、現象を説明／予測するモデル (数式) を作ると言っても、何もないところから魔法のように数式を生み出すのは困難ですので、何らかの仮定を置いて、数式の形をある程度決めてしまいます。先ほどの最小二乗法の例では、次に得られるtを予測する数式として、(2.16) のM次多項式を仮定しました。この時、多項式の係数が未知のパラメーターとして残ります。このパラメーターの値を変化させることで、モデルをチューニングしていくことになります。これが、(1) のステップになります。

これは、**図2.5**のようなイメージでとらえられます。現象を説明する数式には、あらゆるパターンが考えられますが、すべてのパターンを検討するわけにはいきませんので、パラメーターを含む形で数式の範囲を限定して、この中から最良のものを選び出します。あらゆる数式を含む巨大な世界の中で、まずは、一定の範囲内で最良のものを探索しようというわけです。**図2.5**は、$M = 1$ (パラメーターは、w_0とw_1の2個) の場合と、$M = 2$ (パラメーターは、$w_0 \sim w_2$の3個) の場合を描いていますが、多項式の次数Mを増やすということは、それだけ探索する範囲を広げるということになります。

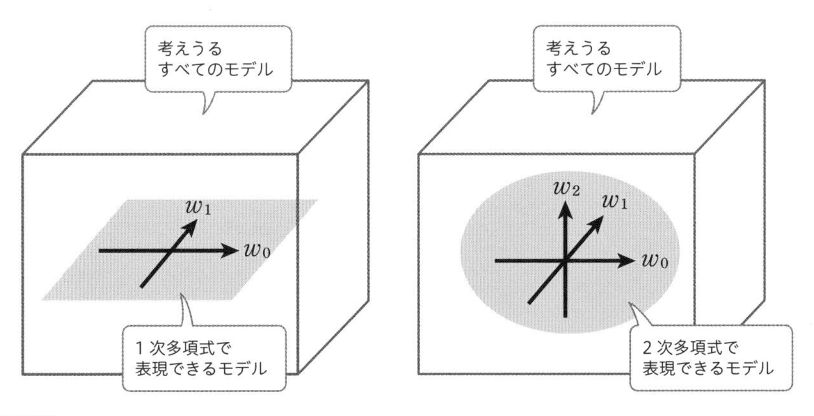

図2.5 パラメーターによるモデルのチューニング

次は、探索する範囲の中で、最良の数式を与えるパラメーターを決定するわけですが、ここで、パラメーターの良し悪しを判断する基準を導入する必要があります。最小二乗法の場合は、(2.17) で計算される二乗誤差 E_D が小さいほど、よいモデルであるという基準を設定しました。これが、(2) のステップです。

ただし、パラメーターの判断基準の設定にも自由度があります。二乗誤差 E_D 以外の基準を用いた場合は、最小二乗法とは異なる結果が得られる可能性もあります。この場合、どちらの基準の方がよりよいのかという判断は、なかなか奥が深い問題となります。この点については、この後、本書全体を通して理解を深めていくことにします。

とにかく、何らかの判断基準が設定されれば、後は、この基準に従って最良のパラメーターの値を決定します。これが、(3) のステップです。最小二乗法の場合、二乗誤差 E_D を最小にするパラメーターは、「2.1.3 誤差関数を最小にする条件」で計算した結果、(2.18) の公式で与えられることがわかりました。

次章以降の例で見るように、一般には、このような簡単な解の公式が得られるとは限りません。コンピューターを用いた数値計算で、近似的に解を求める必要性が出てきます。先ほど、「パラメーターの判断基準をどう選ぶかは奥が深い問題」と説明しましたが、最小二乗法の場合は、「計算が簡単で厳密に答えを求められるから」ということが、判断基準として二乗誤差 E_D を選択した理由とも言えます。

「そのような安直な理由で決めていいのか？」という疑問がわくかもしれませんが、これは決して安直な理由ではありません。計算が簡単ということは、このモデルを数学的に分析して、その特徴を深く理解することが可能になります。「1.1 ビジネスにおけるデータサイエンスの役割」の**図1.4**を振り返るとわかるように、機械学習で得られた結果が、そのままビジネス判断に利用できるものではありません。使用するモデルの数学的な性質がよくわかっていれば、得られた結果の意味を深く理解して、現実のビジネスに役立つ判断指標へと、より適切に変換することが可能になります。モデルの性質を理解しないまま、得られた結果をそのままビジネスに適用してもうまくいかないことは、第1章の「イケてない例」で説明したとおりです。

2.2 オーバーフィッティングの検出

ここでは、「2.1.4 サンプルコードによる確認」で触れた、最適な次数Mを決定する方法について考えます。これを理解するには、「機械学習を利用する目的」を振り返る必要があります。

前節の議論からわかるように、機械学習というのは、トレーニングセットとして与えられたデータに基づいて、最適なパラメーターの値を決定する仕組みにほかなりません。その一方で、データサイエンティストにとって重要なのは、得られた結果が「未来の値を予測する」ことに役立つかどうかです。この観点で、さらに議論を進めていきましょう。

2.2.1 トレーニングセットとテストセット

「2.1.4 サンプルコードによる確認」の**図2.2**で見たように、多項式の次数を上げれば、トレーニングセットをより正確に再現できます。この例では、$M=9$とすれば、平方根平均二乗誤差を0にすることができました。しかしながら、トレーニングセットに含まれるデータは、「たまたまこの時に得られた値」であって、次にデータを取得した際に、同じ値が得られるわけではありません。この例題のデータは、正弦関数$y=\sin(2\pi x)$に標準偏差0.3の乱数を加えて生成していますので、次に得られる値を確実に予測することは不可能ですが、確率的に言えば、正弦関数の値そのものを答えておくのが最もよさそうです*17。先に、**図2.2**のグラフから、「$M=3$を採用するのがよさそう」と判断したのは、このような考え方に基づきます。

それでは、最適な次数は毎回グラフを描いて判断すればよいのでしょうか？　これは、2つの意味で間違っています。まず、先に説明したように、複雑なデータを扱う場合は、グラフを描くのが困難になります。そして、さらに重要なのは、そもそも正解の曲線（この例で言えば、正弦関数$y=\sin(2\pi x)$）

＊17　P.60のコラム『データサイエンスにおける「ドメイン知識」の意義』も参照。

は誰にもわかっていないということです。「1.3.1 回帰分析による観測値の推測」の[例題1]を読み返すと、この問題の前提条件は、**図1.7**のトレーニングセットだけです。正解の曲線がわからない状態で、得られたグラフの見た目から何かを判断するのは困難です*18。

ここで必要になるのが、仮説／検証という「科学的な思考」です。未来の値を予測することが目的であれば、実際に未来の値を予測して、どこまで正しく予測できるのかを検証すればよいのです。今の例であれば、トレーニングセットとは別に、もう一度テスト用のデータを生成して、そちらに対して、それぞれの多項式がどの程度よくあてはまるかを確認していきます。

現実の問題では、「もう一度テスト用のデータを生成する」というわけにはいきませんが、この場合は、利用可能なデータを事前にトレーニング用とテスト用に分けておきます（**図2.6**）。トレーニング用のデータ（トレーニングセット）で機械学習を実施して、得られた結果をテスト用のデータで再評価するという流れです。このように、テスト用に取り分けておいたデータを「テストセット」と呼びます。

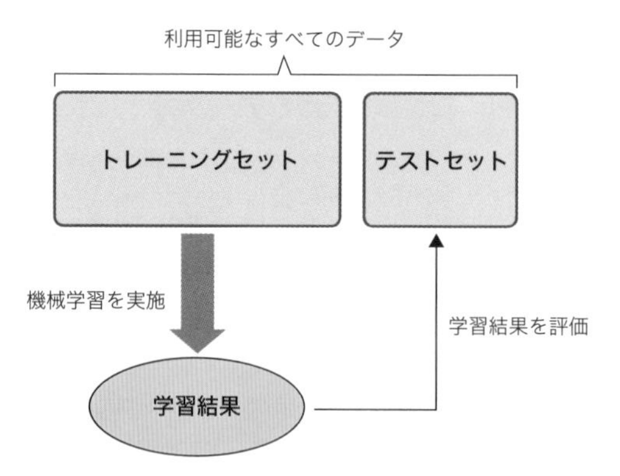

図2.6 トレーニングセットとテストセットの分割

この手法については、後ほど詳しく解説することにして、まずは、サンプルコードを用いて、テストセットを使った検証を行ってみましょう。

---

*18 そもそも正解がわかっていれば、多項式近似で推定するなど不要です。

2.2.2 テストセットによる検証結果

「2.1.4 サンプルコードによる確認」では、ノートブック「02-square_error.ipynb」を [02SE-09] まで実行しました。ここからさらに、[02SE-10] から [02SE-12] まで実行します。この部分では、トレーニングセットとは別に、テストセットのデータを新しく生成して、トレーニングセットとテストセットのそれぞれに対する平方根平均二乗誤差を計算します。多項式の係数は、トレーニングセットのデータを用いて決定している点に注意してください（**図2.7**）。

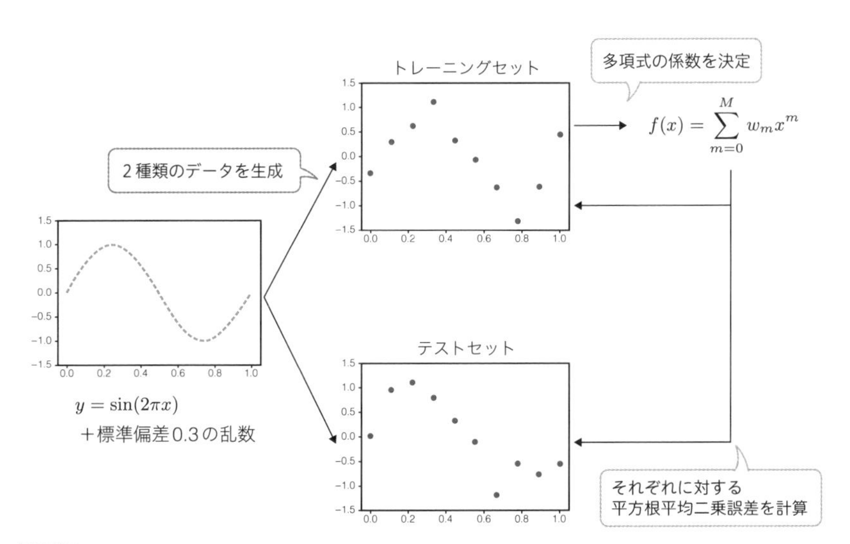

図2.7 テストセットを用いた検証の流れ

[02SE-12] を実行すると、**図2.8**のようなグラフが表示されます。これは、トレーニングセットとテストセットのそれぞれについて、多項式の次数 M を0～9に変化させながら、平方根平均二乗誤差がどのように変化するかを示しています。実線のグラフがトレーニングセットに対する結果で、破線のグラフがテストセットに対する結果になります。

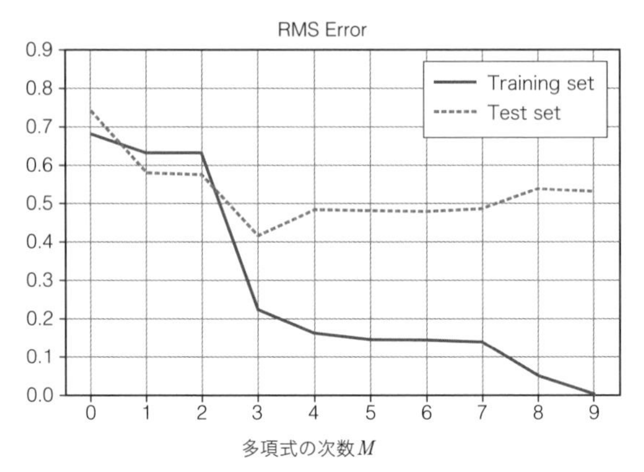

図2.8 トレーニングセットとテストセットに対する誤差の変化

トレーニングセットについては、次数が上がるに従って誤差が減少していき、$M=9$で0になるという、**図2.2**で確認したものと同じ結果になっています。その一方で、テストセットに対する誤差は、少し面白い動きをしています。$M=3$までは誤差が減少していますが、そこから先では、むしろ増加する傾向があるようです。つまり、$M=3$を超えて多項式の次数を大きくしても、テストセットに対する「予測力」は、それ以上は高まらないのです。

正確には、このような未知のデータに対する予測能力を「モデルの汎化能力」と呼びます。この例では、$M=3$を超えると、テストセットに対する誤差は減少せずに、トレーニングセットに対する誤差だけが減少しています。これは、トレーニングセットだけが持つ特徴にあわせて、過剰なチューニングが行われていると理解できます。このように、トレーニングセットだけに特化したチューニングが発生する状況を「オーバーフィッティング（過学習）」と呼びます。

たとえば、**図2.3**に示した実際の係数の値を見ると、$M=9$の場合、高次の係数の値（絶対値）が極端に大きくなっていることがわかります。これは、トレーニングセットに含まれるすべての点を通過するための「過剰なチューニング」を示す証拠と言えるでしょう。このように、高次の係数が極端に大きくなることで、$M=9$のグラフは大きく歪んだ形になっているわけです。

2.2.3 クロスバリデーションによる汎化能力の検証

先ほどの例では、**図2.8**の結果から、$M=3$を超えたあたりでオーバーフィッティングが発生していることがわかりました。とはいえ、この結果だけでは心許ない気もします。もっと多くのテストデータがあれば、さらに検証を進めることができるのですが、実際には、それほど簡単にはいきません。**図2.6**で見たように、機械学習のために収集したデータをトレーニングセットとテストセットに分割して使用しますので、テストセットのデータを増やすということは、その分だけトレーニングセットのデータを減らすことになります。

ここは大切なポイントですが、機械学習に使用したトレーニングセットに含まれるデータをテストセットに混ぜて使用してはいけません。テストセットの目的は、未知のデータに対する予測力、すなわち、モデルの汎化能力を検証することにありますので、トレーニングセットのデータで検証しても意味がありません。

たとえば、「1.1 ビジネスにおけるデータサイエンスの役割」の「イケてない例」では、機械学習によって、**図1.3**の判定ルールが得られました。これは、機械学習に使用した**図1.1**のデータ、すなわち、トレーニングセットについては100%の正解率を与えます。しかしながら、その汎化能力には疑問が残ります。機械学習に使用しなかったデータを用いて検証すれば、その正解率はもっと低くなるはずです。一般に、トレーニングセットに対する正解率でモデルの有用性を判断することはできません。むしろ、誤ったビジネス判断をまねく結果になるでしょう。

そして、テストセットを用いて検証する際は、テストセットのデータに偏りがないことが大切になります。モデルの汎化能力を検証する目的は、これから現れる「未来のデータ」に対する予測能力を調べることです。しかしながら、未来のデータはまだ存在しませんので、手元にあるデータの中で、学習処理に使っていないデータをその代替として利用するわけです。テストセットのデータに極端な偏りがあると、この偏ったデータに対する予測能力を調べることになってしまい、本来の汎化能力を検証することができません。このような偏りを避ける意味では、テストセットには十分に多くのデータを含める必要があります。その一方で、テストセットのデータを増やしすぎると、トレーニングセットのデータが減少して、機械学習の精度が下がる恐れがあるのです。

それでは、機械学習のために収集した貴重なデータを無駄なく利用しつつ、適切な検証を行うにはどうすればよいのでしょうか？　このような際に利用できるのが、**図2.9**に示すクロスバリデーション（交差検証）の手法です。**図2.9**の例では、利用可能なデータをパート1～パート5の5つのグループに分割して、どれか1つをテストセットとして用いています。どのグループをテストセットにするかによって、全部で5種類の検証結果が得られますので、これらの検証結果を総合して判断することができます。全体のデータ量がそれほど多くない場合、パート1～パート5のグループの中には、偏りを持ったデータセットが含まれるかもしれません。しかしながら、5つのパートすべてが偏っているという可能性はずっと低くなります。5種類の検証結果を総合することで、特定の偏ったパートの影響を排除しようという考え方になります。

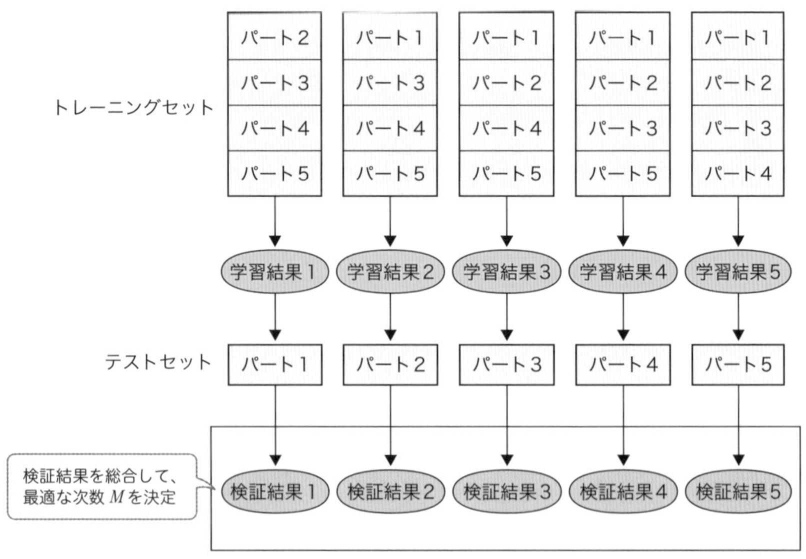

図2.9　クロスバリデーションによる汎化能力の検証

この時、どのパートをテストセットとするかによって、検証結果だけではなく、学習結果もそれぞれ異なる点に注意が必要です。それぞれ、異なるトレーニングセットを使っていますので、本章で説明してきた[例題1]であれば、それぞれに異なる係数の多項式が得られます。したがって、この手続きで得られた学習結果を最終結果として採用することはしません。今の場合、テストセットで検証する目的は、オーバーフィッティングが発生しない最適な次数Mを見つけ出すことですので、まずは、5種類の検証結果に基づいて、オーバーフィッティングが発生する（汎化能力が増加しなくなる）次数Mを決定します。最適な次数Mが決まったら、パート1からパート5のすべてのデータをトレーニングセットとして、再度、多項式の係数を決定する処理を行います。

なお、ディープラーニングを中心とする最近の機械学習のプロセスでは、クロスバリデーションは行わず、単一のテストセットだけを使用することもよくあります。これは、トレーニングセットとテストセットの両方に十分な量のデータが確保されており、どちらのデータにも極端な偏りがないということが前提となります。

2.2.4 データ数によるオーバーフィッティングの変化

最小二乗法の最後の話題として、データ数とオーバーフィッティングの関係に触れておきます。**図2.2**の結果において、$M = 9$で平方根平均二乗誤差が0になった理由を思い出してみます。トレーニングセットのデータが10個なので、パラメーターが10個以上あれば、すべてのデータを正確に再現できるというのが理由でした。逆に言うと、データ数が十分にたくさんあれば、多項式の次数が上がってもすべてのデータを再現することはできず、オーバーフィッティングは発生しにくくなると想像できます。

これは、サンプルコードを用いて、実際に確認することができます。「2.2.2 テストセットによる検証結果」では、ノートブック「02-square_error.ipynb」を`[02SE-12]`まで実行しました。ここからさらに、`[02SE-13]`から`[02SE-15]`まで実行します。この部分では、100個の観測点$\{x_n\}_{n=1}^{100}$を設定した上で、「2.1.4 サンプルコードによる確認」の**図2.2**と「2.2.2 テストセットによる検証結果」の**図2.8**に相当するグラフを描きます。

まず、[02SE-14] を実行したところで、**図2.10**のようなグラフが表示されます。これを見ると、多項式の次数を上げてもグラフの形状が大きく歪むことはなく、$M=3$と$M=9$で平方根平均二乗誤差は、ほぼ同じ値（0.28および0.26）になっています。次に、[02SE-15] を実行すると、**図2.11**のようなグラフが表示されます。ここからは、平方根平均二乗誤差に関する大きな特徴が発見できます。$M=3$以上では、トレーニングセット、テストセットともに、平方根平均二乗誤差はおよそ0.3から変化しなくなっています。ここから、このデータは本質的に0.3程度の誤差を含んでおり、平方根平均二乗誤差が0.3に達する$M=3$より次数を上げても、モデルの汎化能力は向上しないことが読み取れます。

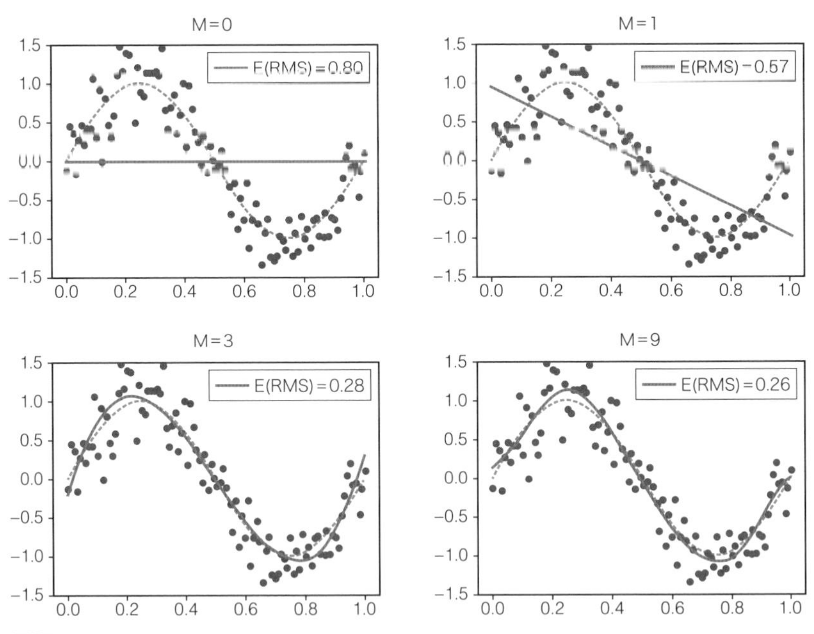

図2.10 データ数が100の場合（多項式近似の結果）

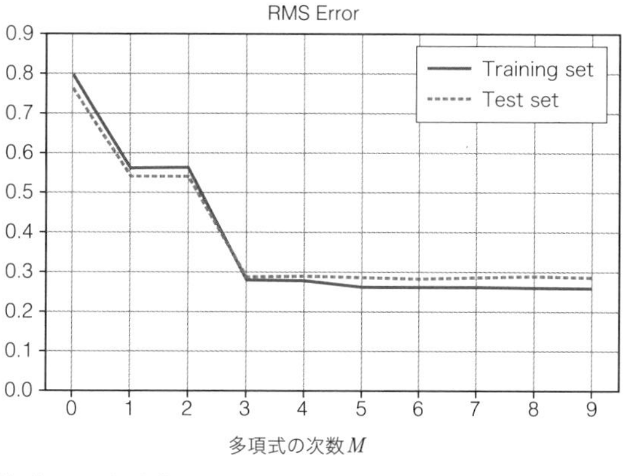

図2.11 データ数が100の場合（平方根平均二乗誤差の変化）

この結果から、トレーニングセットのデータ数とオーバーフィッティングの一般的な関係が理解できます。データ数が少ない場合、分析対象の事象の本質的な特徴よりも、取得したデータが偶然に持っている特徴の方が目立ちやすく、そのデータだけに特化した結果が得られやすくなります。これが、オーバーフィッティングにほかなりません。逆に言うと、分析対象のデータが多ければ、それだけ本質的な特徴をとらえることができるようになります。この際、モデルに含まれるパラメーターの個数にも注意が必要です。機械学習では、モデルに含まれるパラメーターの個数をモデルの「キャパシティ（容量）」と呼ぶことがありますが、モデルのキャパシティに対して、十分に多くのデータを用意することが必要になります。

2.3 付録 — ヘッセ行列の性質

ここでは、「2.1.3 誤差関数を最小にする条件」で、誤差関数 E_D の性質を示すために利用したヘッセ行列について、その基本的な性質を解説しておきます。

数学徒の小部屋

まず、誤差関数 E_D は、$M+1$ 個の係数 $\{w_m\}_{m=0}^{M}$ に依存する関数です。ここで、これらの係数をまとめたベクトルを $\mathbf{w}=(w_0,\cdots,w_M)^{\mathrm{T}}$ と表記します。ヘッセ行列 $\mathbf{H}$ は、次の2階偏微分係数を成分とする $(M+1)\times(M+1)$ の正方行列として定義されます。

$$H_{mm'} = \frac{\partial^2 E_D}{\partial w_m \partial w_{m'}} \quad (m,\, m' = 0,\cdots,M) \tag{2.22}$$

最小二乗法の例では、$H_{mm'}$ は(2.13)で与えられるので、係数 $\mathbf{w}$ に依存しない「定数行列」になりますが、一般には、ヘッセ行列は係数 $\mathbf{w}$ の関数となります。

ここで、$\tilde{\mathbf{w}}$ を誤差関数の停留点、すなわち、

$$\frac{\partial E_D(\tilde{\mathbf{w}})}{\partial w_m} = 0 \quad (m = 0,\cdots,M) \tag{2.23}$$

が成り立つものとした場合、$\tilde{\mathbf{w}}$ におけるヘッセ行列の値から、この停留点の極小性が判定できます。具体的には、この点におけるヘッセ行列が正定値、すなわち、任意のベクトル $\mathbf{u}\neq\mathbf{0}$ に対して $\mathbf{u}^{\mathrm{T}}\mathbf{H}(\tilde{\mathbf{w}})\mathbf{u}>0$ が成り立てば、この停留点は極小値を与えます。

これは、微小変位 $\Delta\mathbf{w}=(\Delta w_0,\cdots,\Delta w_M)^{\mathrm{T}}$ を用いて、$\tilde{\mathbf{w}}$ の周りに E_D をテーラー展開するとわかります。

$$\begin{aligned} E_D(\tilde{\mathbf{w}}+\Delta\mathbf{w}) - E_D(\tilde{\mathbf{w}}) &= \frac{1}{2}\sum_{m,m'=0}^{M} \frac{\partial^2 E_D(\tilde{\mathbf{w}})}{\partial w_m \partial w_{m'}} \Delta w_m \Delta w_{m'} + O(\|\Delta\mathbf{w}\|^3) \\ &= \frac{1}{2}\Delta\mathbf{w}^{\mathrm{T}}\mathbf{H}(\tilde{\mathbf{w}})\Delta\mathbf{w} + O(\|\Delta\mathbf{w}\|^3) \end{aligned} \tag{2.24}$$

$\mathbf{H}(\tilde{\mathbf{w}})$ が正定値であれば、任意の $\Delta\mathbf{w}\neq\mathbf{0}$ に対して、$\Delta\mathbf{w}^{\mathrm{T}}\mathbf{H}(\tilde{\mathbf{w}})\Delta\mathbf{w}>0$ となるので、十分小さな任意の $\Delta\mathbf{w}$ に対して、

$$E_D(\tilde{\mathbf{w}}+\Delta\mathbf{w}) - E_D(\tilde{\mathbf{w}}) > 0 \tag{2.25}$$

が成立します。したがって、停留点 $\tilde{\mathbf{w}}$ は E_D の極小値を与えます。

また、$\mathbf{H}$ が正定値であれば、逆行列 $\mathbf{H}^{-1}$ が存在することが次のように示されます。まず、$\mathbf{H}$ は対称行列なので、これを対角化する直交行列 $\mathbf{P}$ が存在します。

$$\mathbf{P}^{\mathrm{T}}\mathbf{H}\mathbf{P} = \mathrm{diag}\,[\lambda_0,\cdots,\lambda_{\mathrm{M}}] \tag{2.26}$$

ここに、$\mathrm{diag}\,[\lambda_0,\cdots,\lambda_{\mathrm{M}}]$ は、$\mathbf{H}$ の固有値 $(\lambda_0,\cdots,\lambda_M)$ を対角成分とする対角行列です。この時、$\mathbf{H}$ が正定値であることから、

$$\mathbf{u} = \mathbf{P}\begin{pmatrix}0\\ \vdots\\ 1\\ \vdots\\ 0\end{pmatrix} \neq \mathbf{0} \tag{2.27}$$

↑

第 m 成分のみが 1

と置いて、次が成り立ちます。（$\mathbf{u}$ は $\mathbf{P}$ の第m列を取り出したベクトルで、$\mathbf{P}$ が直交行列であることから $\mathbf{u} \neq \mathbf{0}$ が保証されます。）

$$\begin{aligned}\mathbf{u}^{\mathrm{T}}\mathbf{H}\mathbf{u} &= (0\cdots1\cdots0)\mathbf{P}^{\mathrm{T}}\mathbf{H}\mathbf{P}\begin{pmatrix}0\\ \vdots\\ 1\\ \vdots\\ 0\end{pmatrix} = (0\cdots1\cdots0)\mathrm{diag}\,[\lambda_0,\cdots,\lambda_{\mathrm{M}}]\begin{pmatrix}0\\ \vdots\\ 1\\ \vdots\\ 0\end{pmatrix}\\ &= \lambda_m > 0 \ \ (m = 0,\cdots,M)\end{aligned} \tag{2.28}$$

つまり、$\mathbf{H}$ の固有値はすべて正の値になります。最後に、直交行列 $\mathbf{P}$ の行列式は ±1（$|\mathbf{P}^{\mathrm{T}}| = |\mathbf{P}| = \pm1$）であることを考慮すると、(2.26) を用いて、$\mathbf{H}$ の行列式について次が成り立ちます。

$$|\mathbf{H}| = |\mathbf{P}^{\mathrm{T}}\mathbf{H}\mathbf{P}| = |\mathrm{diag}\,[\lambda_0,\cdots,\lambda_{\mathrm{M}}]| = \prod_{\mathrm{m}=0}^{\mathrm{M}}\lambda_{\mathrm{m}} > 0 \tag{2.29}$$

これで、$\mathbf{H}^{-1}$ の存在が示されました。

最尤推定法：確率を用いた推定理論

第3章 最尤推定法：確率を用いた推定理論

本章では、最尤（さいゆう）推定法を用いた回帰分析を説明します。使用する例題は、前章と同じく、「1.3.1 回帰分析による観測値の推測」で説明した[例題1]です。これまでにも説明したように、データサイエンティストが取り組む課題には、絶対的な正解は存在しません。同じ問題について、複数の手法を適用することで、問題の本質に近づいていく努力が必要です。

とはいえ、やみくもにデータをこね回してもうまくはいきません。ここでは、「2.1.5 統計モデルとしての最小二乗法」で解説した、「統計モデルの考え方」、すなわち、パラメトリックモデルの3つのステップをガイドラインとして、最小二乗法と最尤推定法の類似点／相違点を整理しながら議論を進めていきます。

3.1 確率モデルの利用

最尤推定法では、「あるデータが得られる確率」を設定して、そこから、最良のパラメーターを決定していきます。いきなり確率が登場して少し面食らうかもしれませんが、確率を用いた分析は、統計モデルの世界では正統派とも言えるアプローチです。先に触れた3つのステップに照らし合わせながら、理解を進めていきましょう。

念のため、「パラメトリックモデルの3つのステップ」を以下に再掲しておきます。

(1) パラメーターを含むモデル（数式）を設定する
(2) パラメーターを評価する基準を定める
(3) 最良の評価を与えるパラメーターを決定する

3.1.1 「データの発生確率」の設定

まずは、問題として与えられたデータを再確認しましょう。トレーニングセットとして使用するデータを**図3.1**に再掲します。何度も同じ図が登場して、そろそろ見飽きたかもしれませんが、あらためて、このデータの「本質的な性質」を考えてみます。

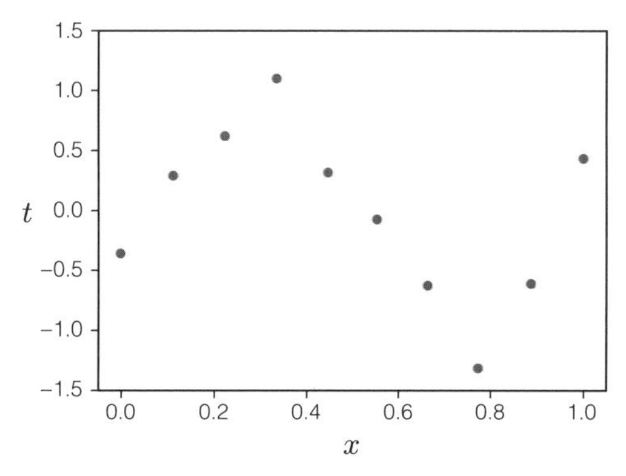

図3.1 10個の観測点から得られた観測値

一般に、回帰分析ではデータの背後にある関数関係を推測するわけですが、最小二乗法で見たように、「すべての点を正確に通る関数」を発見しても、「未来を予測する」という役には立ちませんでした。このデータだけに特化した、オーバーフィッティングが発生するからです。このデータは本質的に何らかの誤差を含んでおり、より正確に未来を予測するには、「どの程度の誤差を含むのか」を含めて分析する必要があります。

最小二乗法の場合、多項式近似で得られた関数は、誤差による散らばりの中心部分を表すと考えられます。次に得られるデータの予測値として、中心部分の値を答えておけば、予測が大きく外れる可能性はないだろうという発想です。この時、さらに踏み込んで、このデータが持つ誤差の大きさ（散らばり具合）までわかるとしたらどうでしょうか？　データサイエンティストが扱う問題は、本質的に完全な予測ができないものがほとんどです。そのため、「どの程度の範囲で予測が外れそうか」ということも、ビジネス視点では重要な情報になります。

そこで、「このデータの背後にはM次多項式の関係があり、さらに、標準偏差σの誤差が含まれている」という仮定を置いてみます。「標準偏差σ」というのは、およそ$\pm\sigma$の範囲で観測データが変動するという意味です。M次多項式の関係を仮定するところは最小二乗法と同じですが、誤差についての仮定を追加したのが新しい部分になります。

この仮定を数式で表現すると、確率の考え方が自然に登場します。まず、最小二乗法と同様に、特徴量xと目的変数tの間には、M次多項式の関係があるものとします。この多項式を次のように表します。

$$\begin{aligned} f(x) &= w_0 + w_1 x + w_2 x^2 + \cdots + w_M x^M \\ &= \sum_{m=0}^{M} w_m x^m \end{aligned} \tag{3.1}$$

その上で、「観測点x_nにおける観測値tは、$f(x_n)$を中心として、およそ、$f(x_n) \pm \sigma$の範囲に散らばる」と考えます。一方、「1.3.1 回帰分析による観測値の推測」の解説部分で触れたように、μを中心として、およそ$\mu \pm \sigma$の範囲に散らばる乱数は、平均μ、分散σ^2の正規分布で表現することができます[*19]。正規分布は、**図3.2**のように、μを中心として、釣り鐘型の確率で散らばる乱数です。この釣り鐘型は、次の関数で与えられます。

$$\mathcal{N}(x \mid \mu, \sigma^2) = \frac{1}{\sqrt{2\pi\sigma^2}} e^{-\frac{1}{2\sigma^2}(x-\mu)^2} \tag{3.2}$$

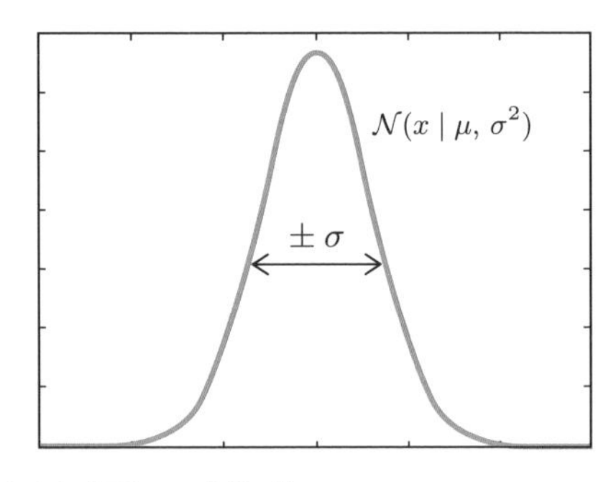

図3.2 正規分布の確率密度（平均μ、分散σ^2）

*19 一般に、標準偏差σを2乗したものを分散σ^2と呼びます。

ただしこれは、変数xの値が乱数で散らばるという前提の数式です。今の場合、乱数で散らばるのは観測値tであり、散らばりの中心は$f(x_n)$ですので、次式のように表されます。

$$\mathcal{N}(t \mid f(x_n), \sigma^2) = \frac{1}{\sqrt{2\pi\sigma^2}} e^{-\frac{1}{2\sigma^2}\{t-f(x_n)\}^2} \tag{3.3}$$

図3.3に示すように、それぞれの観測点x_nにおいて、$f(x_n)$を中心とした釣り鐘型の確率で、観測値tが散らばると考えるとよいでしょう。

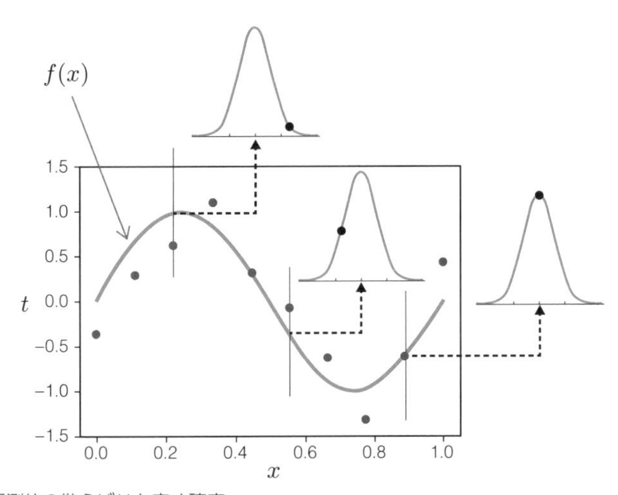

図3.3 観測値の散らばりを表す確率

なお、ここで言う観測値tは、「次に観測される値」の話をしている点に注意してください。トレーニングセットとして与えられる正解ラベルt_nは、すでに観測された特定の値ですので、次回は、これとは異なる観測値tが得られるはずです。次に得られる値tの確率が(3.3)で計算されると考えてください。t_0を具体的な値として、$t = t_0$が得られる確率が知りたければ、次の式で計算されるということです。

$$\mathcal{N}(t_0 \mid f(x_n), \sigma^2) = \frac{1}{\sqrt{2\pi\sigma^2}} e^{-\frac{1}{2\sigma^2}\{t_0-f(x_n)\}^2} \tag{3.4}$$

数学徒の小部屋

数学的に厳密な話をすると、(3.4)は確率密度を表す式ですので、Δtを微小な値として、「次に得られるtの値が$t = t_0 \sim t_0 + \Delta t$の範囲である確率が$\mathcal{N}(t_0 \mid f(x_n), \sigma^2)\Delta t$」と言うのが正しい表現になります。数学的な厳密性にこだわる方は、適宜、「確率」という言葉を「確率密度」に置き換えて理解してください。

また、この後は、「ある確率を最大化するパラメーターを決定する」という問題を解いていきます。この際、確率を最大化するパラメーターと確率密度を最大化するパラメーターは同じになりますので、計算上はすべて確率密度を用いて議論を進めます。

これで、3つのステップの(1)が完了しました。観測点x_nにおける観測値tの確率を表す次の数式が、ここで用意したモデルです。

$$\mathcal{N}(t \mid f(x_n), \sigma^2) = \frac{1}{\sqrt{2\pi\sigma^2}} e^{-\frac{1}{2\sigma^2}\{t - f(x_n)\}^2} \tag{3.5}$$

$$f(x) = \sum_{m=0}^{M} w_m x^m \tag{3.6}$$

それでは、このモデルに含まれるパラメーターは何でしょうか？　これは、(3.6)の係数$\{w_m\}_{m=0}^{M}$と(3.5)の標準偏差σになります。データの背後にある関数関係に加えて、データに含まれる誤差を併せて推定するのが、このモデルの特徴です。次のステップでは、これらのパラメーターを評価する基準を設定して、最良のパラメーターの値（$\{w_m\}_{m=0}^{M}$とσ）を決定することになります。

なお、この議論の中で、データに含まれる誤差、すなわち、「μを中心として、およそ$\mu \pm \sigma$の範囲に散らばる乱数」として、正規分布を採用した理由が気になる方がいるかもしれません。正規分布は、**図3.2**のような釣り鐘型の散らばりを表す乱数ですが、これ以外の可能性がないわけではありません。たとえば、**図3.4**のグラフは、すべて、数学的には「平均0、標準偏差0.3」という同じ条件を満たす確率分布になります。

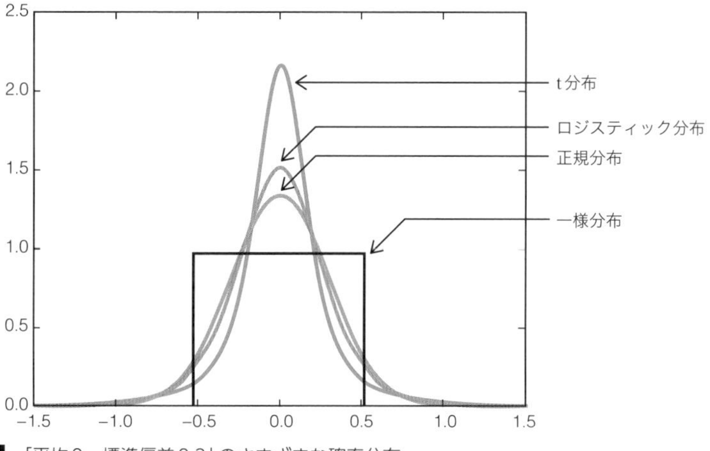

図3.4 「平均0、標準偏差0.3」のさまざまな確率分布

しかしながら、あらゆる可能性にこだわっていては、先に進むことができません。まずは、何か1つ仮説を立てて、そこから有益な結果が得られるかを検証することが大切です。この後で見るように、正規分布を表す(3.5)の数式を用いることで、比較的、簡単に計算を進めることができます。まずは、確実に計算を進められる手法を適用して、テストセットを用いた検証などからその有用性を判断します。もしも有用な結果が得られない場合は、その理由を分析して、新たな仮説を立てることになります。

この際、簡単に計算を進められるというのは、「有用な結果が得られない理由」を分析する上でのアドバンテージになります。「1.1 ビジネスにおけるデータサイエンスの役割」の**図1.4**で説明したように、データサイエンスは、あくまでも、仮説／検証を繰り返す科学的アプローチです。まずは、シンプルな仮説を元にして、「なぜその仮説ではうまくいかないのか」を解明することで、データに隠されたより本質的な事実を発見していくことができるのです。

3.1.2 尤度関数によるパラメーターの評価

ここでは、(3.5) (3.6) に含まれるパラメーターを評価する基準を設定します。これは、3つのステップの(2)に相当する部分です。

ここで、やや唐突ですが、(3.5)(3.6)を用いて、「トレーニングセットに含まれるデータ$\{(x_n, t_n)\}_{n=1}^N$が得られる確率」を計算してみます*20。これは、すでに得られた結果に対して、後付けで確率を考えているようなものです。たとえば、2個のサイコロを振った際に、どのような目が出るかという確率は事前に計算することができます。そして、実際にサイコロを振って「1のゾロ目」が出たとして、「自分はどのぐらい珍しい体験をしたのか？」と考えながら、その確率を再確認していると思ってください。

ある特定の観測点x_nについて考えると、そこでt_nが得られる確率は、(3.5)に$t = t_n$を代入して、次式で表されます。

$$\mathcal{N}(t_n \mid f(x_n), \sigma^2) = \frac{1}{\sqrt{2\pi\sigma^2}} e^{-\frac{1}{2\sigma^2}\{t_n - f(x_n)\}^2} \tag{3.7}$$

すべての観測点$\{x_n\}_{n=1}^N$についてあわせて考えると、トレーニングセット$\{(x_n, t_n)\}_{n=1}^N$に含まれるデータ全体が得られる確率Pは、それぞれの確率の積で計算されます。

$$\begin{aligned} P &= \mathcal{N}(t_1 \mid f(x_1), \sigma^2) \times \cdots \times \mathcal{N}(t_N \mid f(x_N), \sigma^2) \\ &= \prod_{n=1}^{N} \mathcal{N}(t_n \mid f(x_n), \sigma^2) \end{aligned} \tag{3.8}$$

この確率はパラメーター（$\{w_m\}_{m=0}^M$とσ）によって値が変わるので、これらのパラメーターの関数と考えることができます。このように、「トレーニングセットのデータが得られる確率」をパラメーターの関数とみなしたものを尤度(ゆうど)関数と呼びます。

そして、ここでおもむろに次のような仮説を立てます。

「観測されたデータ（トレーニングセット）は、最も発生確率が高いデータである」

＊20　実際のデータ数は$N = 10$ですが、ここからは一般のNで計算を進めます。

この仮説が正しいという保証はありませんが、とにかくこの仮説が正しいものとして、(3.8) で計算される確率 P が最大になるようにパラメーターを決定する手法を「最尤推定法」と呼びます。「トレーニングセットとして、発生確率が低い（珍しい）データが得られるほど、自分は運がよいはずはない」と考えていると思ってもよいでしょう。もしくは、次のように考えることもできます。仮に、(3.6) で決まる関数 $f(x)$ のグラフが観測データから大きく離れたところを通るとします。この場合、**図3.5**に示すように、それぞれのデータが得られる確率は非常に小さくなり、結果として (3.8) で決まる確率 P も小さくなります。つまり、(3.8) の確率 P が大きいということは、考えているモデルが与えられたデータにうまく適合しており、このようなデータが発生した理由をうまく説明できているということになります*21。

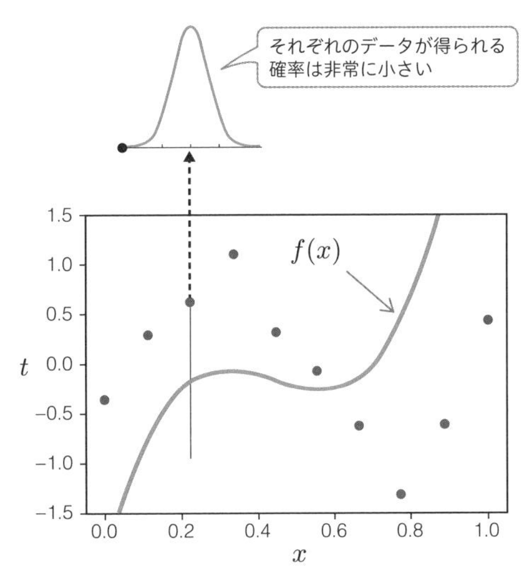

図3.5 モデルがデータに適合しない例

この方法で、実際にどの程度もっともらしい結果が得られるかは、後ほどサンプルコードで確認することにして、まずは、この方針に従って、具体的

*21 「2.1.1 トレーニングセットの特徴量と正解ラベル」では、「説明変数」「目的変数」という統計学の用語を紹介しましたが、統計モデルには、未来のデータを予測する以前に、「なぜこのようなデータが生まれたのかを説明したい」という動機付けがあります。

なパラメーターの値を決定します。これは、(3.8)の尤度関数Pを最大化するパラメーターを求めるという、純粋に数学的な計算になります。数学的に言うと、「尤度関数の最大値問題」に帰着したわけです。この問題についても、紙と鉛筆による式変形で、答えを求めることができます。

数学徒の小部屋

(3.8)の尤度関数Pを最大化するパラメーターを求めるために、まずは、(3.7)を(3.8)に代入して整理します。

$$P = \prod_{n=1}^{N} \frac{1}{\sqrt{2\pi\sigma^2}} e^{-\frac{1}{2\sigma^2}\{t_n - f(x_n)\}^2}$$
$$= \left(\frac{1}{2\pi\sigma^2}\right)^{\frac{N}{2}} \exp\left[-\frac{1}{2\sigma^2}\sum_{n=1}^{N}\{t_n - f(x_n)\}^2\right] \tag{3.9}$$

ここで、(3.9)の指数関数の中を見ると、最小二乗法で使用した、二乗誤差E_Dと同じものが含まれていることがわかります。二乗誤差の定義は、次のとおりです。

$$E_D = \frac{1}{2}\sum_{n=1}^{N}\{f(x_n) - t_n\}^2 \tag{3.10}$$

これを用いると、尤度関数は次のように表現できます。

$$P = \left(\frac{1}{2\pi\sigma^2}\right)^{\frac{N}{2}} e^{-\frac{1}{\sigma^2}E_D} \tag{3.11}$$

ここで、パラメーターに対する依存性を確認します。(3.11)にはパラメーターσが$1/\sigma^2$という形のみで含まれています。そこで、後の計算を簡単にするために、

$$\beta = \frac{1}{\sigma^2} \tag{3.12}$$

と置いて、σの代わりに、βをパラメーターとみなして計算を進めます。また、二乗誤差E_Dは、多項式の係数$\mathbf{w} = (w_0, \cdots, w_M)^{\mathrm{T}}$に依存しています。したがって、パラメーター$(\beta, \mathbf{w})$に対する依存性を明示すると、次のようになります。

$$P(\beta, \mathbf{w}) = \left(\frac{\beta}{2\pi}\right)^{\frac{N}{2}} e^{-\beta E_D(\mathbf{w})} \tag{3.13}$$

これを最大にする$(\beta, \mathbf{w})$を求めればよいことになります。ここで、さらに計算を簡単にするために、Pの対数$\log P$を最大化することにします[*22]。

$$\log P(\beta, \mathbf{w}) = \frac{N}{2}\log\beta - \frac{N}{2}\log 2\pi - \beta E_D(\mathbf{w}) \tag{3.14}$$

対数関数は単調増加なので、$\log P$が最大になることと、Pが最大になることは同値です。一般に、$\log P$を対数尤度関数と呼びます。

対数尤度関数を最大にする$(\beta, \mathbf{w})$は、次の条件で決まります。

$$\frac{\partial(\log P)}{\partial w_m} = 0 \quad (m = 0, \cdots, M) \tag{3.15}$$

$$\frac{\partial(\log P)}{\partial \beta} = 0 \tag{3.16}$$

まず、(3.14)を(3.15)に代入すると、次が得られます。

$$\frac{\partial E_D}{\partial w_m} = 0 \quad (m = 0, \cdots, M) \tag{3.17}$$

これは、二乗誤差E_Dを最小にする条件と同じですので、「2.1.3 誤差関数を最小にする条件」と同じ計算をたどって、最小二乗法と同じ結論が得られます。つまり、多項式の係数$\{w_m\}_{m=0}^{M}$は、最小二乗法と同じ値に決まります。

一方、(3.14)を(3.16)に代入すると、次の関係式が得られます。

$$\frac{1}{\beta} = \frac{2E_D}{N} \tag{3.18}$$

これに(3.12)を代入すると、標準偏差σを決定する式が得られます。

$$\sigma = \sqrt{\frac{1}{\beta}} = \sqrt{\frac{2E_D}{N}} = E_{\mathrm{RMS}} \tag{3.19}$$

ここで、E_{RMS}は、「2.1.4 サンプルコードによる確認」の(2.20)で定義した、平方根平均二乗誤差にほかなりません。つまり、(3.19)は、トレーニングセットに含まれるデータの平方根平均二乗誤差、すなわち、「多項式で推定される値$f(x_n)$に対する平均的な誤差」を標準偏差の推定値として採用することを意味します。

＊22 本書では、$\log x$は、ネイピア数eを底とする自然対数$\log_e x$を表します。

3.1.3 サンプルコードによる確認

これで、尤度関数Pを最大にするパラメーターが計算できました。3つのステップの(3)まで、無事に完了したことになります。ここで、あらためて計算結果を公式としてまとめておきます。まず、多項式の係数は、最小二乗法と同じ値になることがわかりました。具体的には、次式で計算することができます。

$$\mathbf{w} = (\mathbf{\Phi}^{\mathrm{T}}\mathbf{\Phi})^{-1}\mathbf{\Phi}^{\mathrm{T}}\mathbf{t} \tag{3.20}$$

$\mathbf{t}$はトレーニングセットの正解ラベルを並べたベクトル$\mathbf{t} = (t_1, \cdots, t_N)^{\mathrm{T}}$で、$\mathbf{\Phi}$は、$N$個の観測点$\{x_n\}_{n=1}^N$について、それぞれを$0 \sim M$乗した値を並べた行列です。

$$\mathbf{\Phi} = \begin{pmatrix} x_1^0 & x_1^1 & \cdots & x_1^M \\ x_2^0 & x_2^1 & \cdots & x_2^M \\ \vdots & \vdots & \ddots & \vdots \\ x_N^0 & x_N^1 & \cdots & x_N^M \end{pmatrix} \tag{3.21}$$

さらに、標準偏差の推定値σは、トレーニングセットに対する平方根平均二乗誤差に一致します。

$$\sigma = E_{\mathrm{RMS}} = \sqrt{\frac{1}{N}\sum_{N=1}^{N}\left(\sum_{m=0}^{M} w_m x_n^m - t_n\right)^2} \tag{3.22}$$

最小二乗法とは異なるアプローチで計算したにもかかわらず、最小二乗法と同じ多項式が得られるのは、興味深い結果です。前項の計算を振り返ると、これは、尤度関数の中に二乗誤差E_Dが含まれていたことが原因ですが、その出どころは正規分布の関数形(3.5)にあります。しかしながら、**図3.4**に示したように、データに含まれる誤差として考えられる確率分布はこのほかにもあります。仮に、正規分布とは異なる確率分布を採用すれば、最小二乗法とは異なる結果になるでしょう。つまり、最尤推定法において、正規分布の誤差を仮定した特別な場合が最小二乗法であると考えることができます[*23]。

＊23　数学的に言うと、最尤推定法は、その特別な場合として最小二乗法を含む、より一般的な理論とみなせるわけです。

それでは、ノートブック「03-maximum_likelihood.ipynb」を用いて、実際にグラフを描いてみます。最尤推定法で得られる多項式$f(x)$は、最小二乗法と同じものですので、あらためてグラフを描く必要はなさそうですが、今回は(3.22)で標準偏差の推定値σも計算することができます。これは、$f(x)$の上下に、どの程度の範囲に値が散らばるかを示します。したがって、$y=f(x)$のグラフに加えて、$y=f(x)\pm\sigma$のグラフを描くことで、**図3.3**に示した「釣り鐘型」の広がり具合が確認できます。

ノートブックのセルを上から順に`[03ML-01]`から`[03ML-07]`まで実行すると、**図3.6**のようなグラフが表示されます。ここでは、第2章で用いたノートブック「02-square_error.ipynb」と同様に、トレーニングセットのデータを乱数で生成した上で、$M=0,1,3,9$の4種類の次数の多項式を適用しています。乱数による誤差を加えてデータを生成しているので、実行ごとに異なるトレーニングセットが用いられますが、**図3.6**は、その代表的な結果を表します。最小二乗法の結果(「2.1.4 サンプルコードによる確認」の**図2.2**)と似ていますが、標準偏差の幅を示す破線のグラフが上下に追加されています。グラフに記載された「sigma」の値は、(3.22)で計算された標準偏差の推定値σです。

これを見ると、多項式で予測される値とトレーニングセットに含まれる観測データの「ズレ」が、標準偏差としてうまく表現されていることがわかります。多項式による予測値と実際の観測データの「平均的なズレ」である、平方根平均二乗誤差を標準偏差の推定値としているので、観測データは、標準偏差の範囲内にだいたい収まっています。

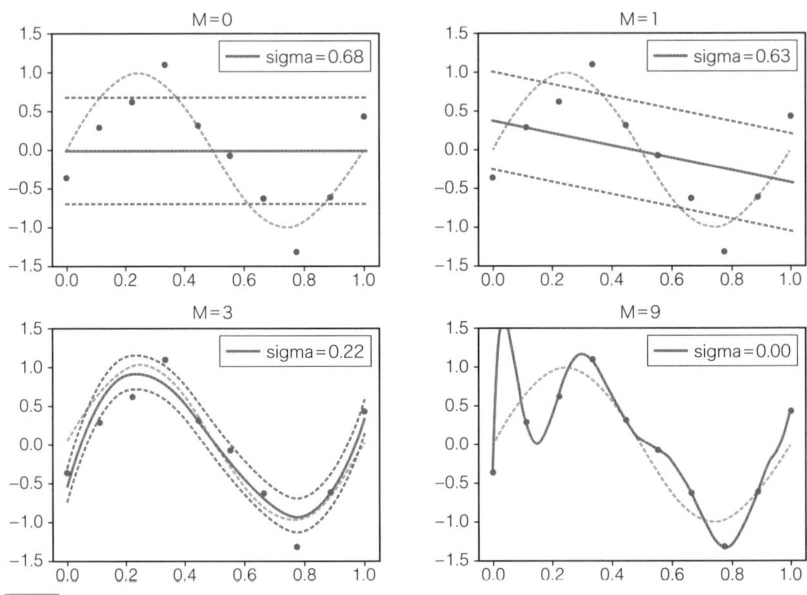

図3.6 最尤推定法による標準偏差を含めた推定結果

ただし、これは、トレーニングセットに含まれるデータの話です。将来に発生するデータが、ここで推定された標準偏差の範囲に収まるかどうかは別問題です。たとえば、$M=9$の場合、多項式のグラフはすべてのデータを通っており、標準偏差の推定値は0になります。しかしながら、将来のデータが多項式の値に正確に一致するとは考えづらく、これは明らかにオーバーフィッティングが発生しています。

オーバーフィッティングの発生を検出するには、「2.2 オーバーフィッティングの検出」で議論したように、トレーニングセットとは独立に用意したテストセットに対する予測の精度を確認します。最小二乗法の場合は、**図2.8**のように、トレーニングセットとテストセットのそれぞれに対する平方根平均二乗誤差の変化をグラフに表しました。一方、最尤推定法の場合は、対象となるデータが得られる確率、すなわち、尤度関数の値が大きいほど、考えているモデルがよりデータに適合しているという理屈でした。そこで、(3.8)で計算される尤度関数Pの値の変化を見ます。

ただし、(3.8)の表式を見るとわかるように、尤度関数PはN個のデータのそれぞれに対する確率の積になります。そのため、データ数Nが大きくなると、個々の確率が小さな値の場合、これらを掛け合わせたPの値は極端に小さくなり、数値計算の誤差が大きくなる可能性があります[*24]。そこで、具体的な数値を見る場合は、対数をとった、対数尤度関数$\log P$の値を計算します。**図3.7**に示した対数関数$y = \log x$のグラフからわかるように、入力値xが0に近い場合、出力値$\log x$は(負の方向に)大きく拡大されます。

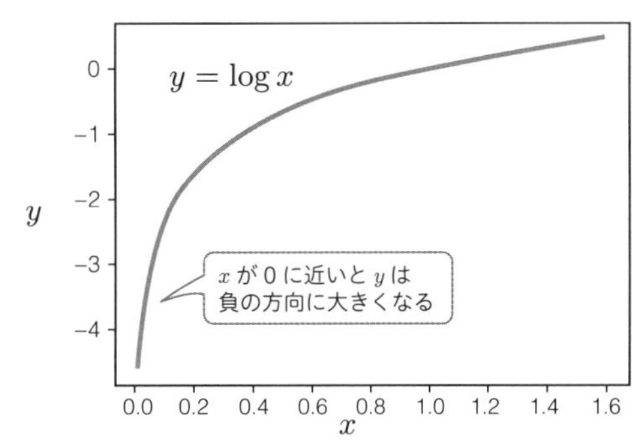

図3.7 対数関数$y = \log x$のグラフ

具体的な計算式は、(3.14)、および、(3.10)(3.12)より、次のように決まります。

$$\log P = \frac{N}{2}\log\beta - \frac{N}{2}\log 2\pi - \beta E_D \quad \left(\beta = \frac{1}{\sigma^2},\ E_D = \frac{1}{2}\sum_{n=1}^{N}\{f(x_n) - t_n\}^2\right) \tag{3.23}$$

テストセットのデータに対して計算する場合、$f(x)$とσはトレーニングセットのデータから事前に決定されたものを用いる点に注意してください。ノートブックのセルを[03ML-07]に続いて、[03ML-08]から[03ML-11]まで実行すると、**図3.8**のようなグラフが表示されます。「2.2.2 テストセットによる検証結果」の**図2.8**と同様に、トレーニングセットとは別に、テストセットのデータを新しく生成して、多項式の次数を変化させながら、トレーニングセットとテストセットのそれぞれに対する対数尤度関数の値を計算し

*24 たとえば、Pythonでは、10^{-300}程度より小さな値は切り捨てられて0になります。

ています。多項式の次数が$M=3$を超えるとテストセットに対する対数尤度関数の値は減少しており、$M=3$を超えたところでオーバーフィッティングが発生していることがわかります。

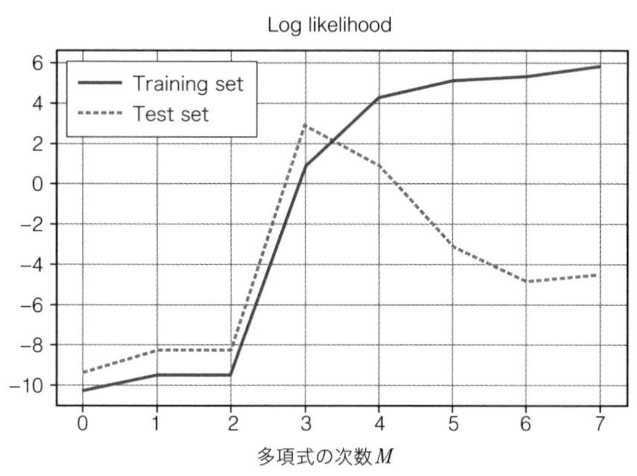

図3.8 トレーニングセットとテストセットに対する対数尤度の変化

コラム　理論的変化とノイズの境界

P.60のコラム『データサイエンスにおける「ドメイン知識」の意義』では、「毎年観測される気温は、理論的に決まる数式にランダムなノイズを加えた値になると想像できます」と述べました。この際、実際に与えられたデータに対して、「どこまでが理論的な変化でどこから先がランダムなノイズなのか」という点を見極める必要があります。本文の**図3.6**の4つのグラフは、この問題に対する「4種類の答え」と見ることができます。

たとえば、$M=0$のグラフを見ると、データの背後にある「理論的な関数関係」を示す多項式$f(x)$は、ただの定数関数で、実際の観測データはこれから大きく外れています。しかしながら、その分だけ標準偏差の推定値σは大きくなっています。これはつまり、「このデータは本来は一定値をとるはずだが、大きなノイズが乗っているために、実際の観測値は大きくばらついている」という主張なのです。一方、$M=9$のグラフは、これとは真逆の主張をしています。多項式$f(x)$はすべてのデータを通過しており、標準偏差の推定値σは0です。つまり、「このデータはノイズを含んでおらず、すべて理論的な数式に一致するはずだ」という主張です。$M=1$と$M=3$も同様に、それぞれ、理論的な値の変化とノイズの境界について異なる主張をしており、いずれも、考え方としては、まったくの的外れというわけではありません。

それでは、現実のデータの振る舞い、すなわち、実際の「正解」はどれなのでしょうか？　これを調べるのが、テストセットによる検証です。本文の**図3.8**を見るとわかるように、多項式の次数が$M=3$を超えると、テストセットに対する対数尤度関数の値は下がり始めます。ここから、$M=3$の主張が現実のデータの振る舞いに最も近いと結論づけられることになります。

さらに、ノートブックのセルを[03ML-14]まで実行していくと、[03ML-13]と[03ML-14]を実行したところで、**図3.9**、および、**図3.10**のようなグラフが表示されます。これらは、データ数を$N=100$に増やして実行した結果になります。最小二乗法の場合と同様に、データ数が増えることにより、オーバーフィッティングの発生が抑えられています。トレーニングセット、テストセットともに、$M=3$を超えると、対数尤度関数の値はほとんど変化しなくなっています。

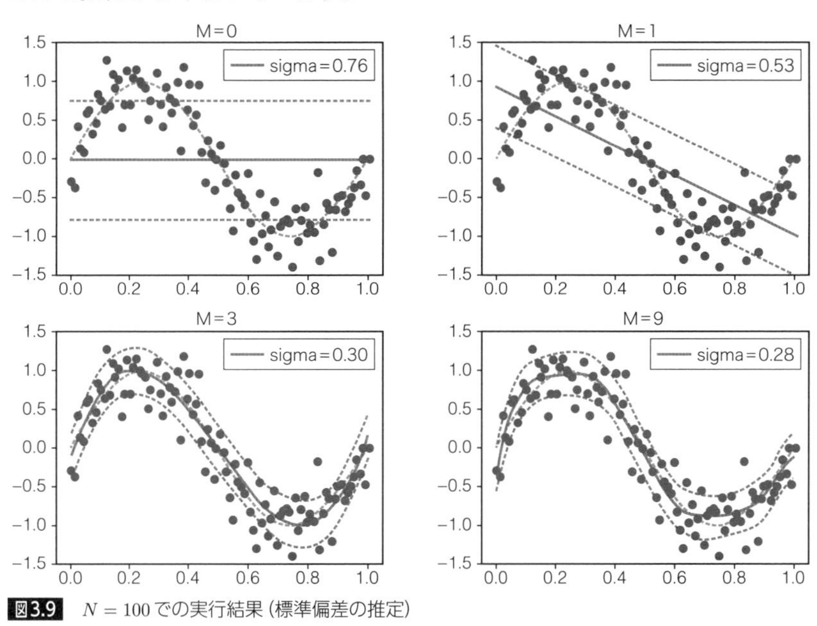

図3.9 $N=100$での実行結果（標準偏差の推定）

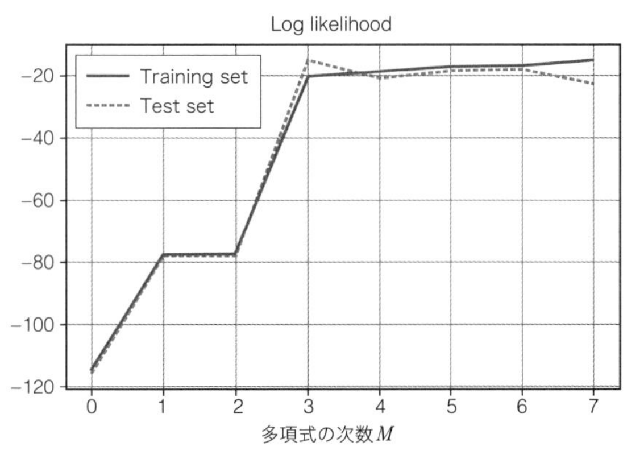

図3.10 $N=100$での実行結果（対数尤度の変化）

これで、[例題1] に対して、最尤推定法を適用することができました。**図3.6**、あるいは、**図3.9** を見ると、もっともらしい結果が得られていることがわかります。次節では、もう少し単純化した例を用いて、「尤度関数を最大化するようにパラメーターを決定する」という基本原理、あるいは、「データの標準偏差 σ を推定する」という点について、さらに理解を深めます。

3.2 単純化した例による解説

ここでは、[例題1] をもう少し単純化します。[例題1] では、複数の観測点 $\{x_n\}_{n=1}^N$ における観測値を予測することが目標でしたが、ここでは、観測点をどれか1つに固定して考えます。たとえば、$x = 0.5$ という観測点から、繰り返し観測値 t を取得すると、ある値を中心に散らばったデータ群 $\{t_n\}_{n=1}^N$ が得られます（**図3.11**）。

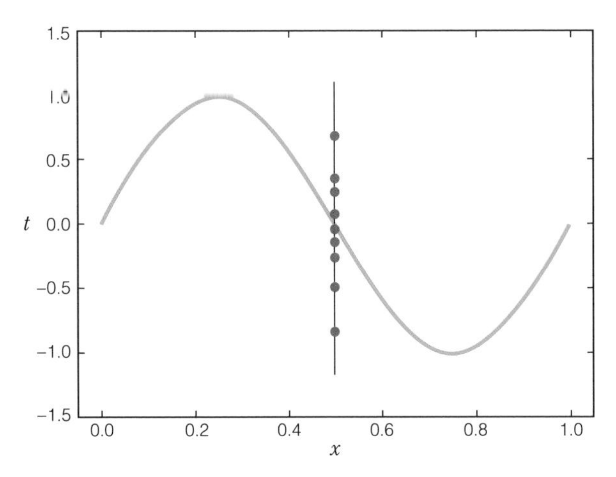

図3.11 特定の観測点から繰り返し取得したデータ

そこで、このデータは、平均 μ、標準偏差 σ の正規分布に従って散らばるものと仮定して、μ と σ の値を最尤推定法で推定します。前節で解説した、最尤推定法の手続きを思い出しながら、計算を進めていきましょう。

3.2.1 正規分布のパラメトリックモデル

平均μ、標準偏差σの正規分布という仮定により、ある特定のデータ$t = t_n$が得られる確率は次式で表されます。

$$\mathcal{N}(t_n \mid \mu, \sigma^2) = \frac{1}{\sqrt{2\pi\sigma^2}} e^{-\frac{1}{2\sigma^2}(t_n - \mu)^2} \tag{3.24}$$

すべての観測値$\{t_n\}_{n=1}^{N}$についてまとめて考えると、一連のデータ群が得られる確率Pは、それぞれの確率の積になります。

$$\begin{aligned} P &= \mathcal{N}(t_1 \mid \mu, \sigma^2) \times \cdots \times \mathcal{N}(t_N \mid \mu, \sigma^2) \\ &= \prod_{n=1}^{N} \mathcal{N}(t_n \mid \mu, \sigma^2) \end{aligned} \tag{3.25}$$

この確率は、μとσの2つのパラメーターに依存しています。つまり、μとσを変数とする尤度関数Pが得られたことになります。この後は、Pを最大にするμとσの値を求めて、それらを平均、および、標準偏差の推定値として採用します。

数学徒の小部屋

(3.25)の尤度関数Pを最大化するパラメーターを求めるために、まずは、(3.24)を(3.25)に代入して整理します。

$$\begin{aligned} P &= \prod_{n=1}^{N} \frac{1}{\sqrt{2\pi\sigma^2}} e^{-\frac{1}{2\sigma^2}(t_n - \mu)^2} \\ &= \left(\frac{1}{2\pi\sigma^2}\right)^{\frac{N}{2}} \exp\left\{-\frac{1}{2\sigma^2}\sum_{n=1}^{N}(t_n - \mu)^2\right\} \end{aligned} \tag{3.26}$$

(3.26)には、パラメーターσが$1/\sigma^2$という形のみで含まれていますので、

$$\beta = \frac{1}{\sigma^2} \tag{3.27}$$

と置いて、σの代わりに、βをパラメーターとみなして計算を進めます。さらに、計算を簡単にするために、対数尤度関数$\log P$を最大化します。

$$\log P = \frac{N}{2}\log\beta - \frac{N}{2}\log 2\pi - \frac{\beta}{2}\sum_{n=1}^{N}(t_n - \mu)^2 \tag{3.28}$$

対数関数は単調増加なので、$\log P$ が最大になることと、P が最大になることは同値です。対数尤度関数を最大にする (μ, β) は、次の条件で決まります。

$$\frac{\partial(\log P)}{\partial\mu} = 0 \tag{3.29}$$

$$\frac{\partial(\log P)}{\partial\beta} = 0 \tag{3.30}$$

(3.29) の左辺は、(3.28) を用いて、次のように計算されます。

$$\frac{\partial(\log P)}{\partial\mu} = \beta\sum_{n=1}^{N}(t_n - \mu) = \beta\left(\sum_{n=1}^{N} t_n - N\mu\right) \tag{3.31}$$

したがって、(3.29) から、μ の値が次のように決まります。

$$\mu = \frac{1}{N}\sum_{n=1}^{N} t_n \tag{3.32}$$

(3.32) の右辺は、観測データ $\{t_n\}_{n=1}^{N}$ の平均値（標本平均）にほかなりません。つまり、データの背後にある正規分布の平均の推定値として、観測データの標本平均を採用することを意味します。

一方、(3.30) の左辺は、(3.28) を用いて、次のように計算されます。

$$\frac{\partial(\log P)}{\partial\beta} = \frac{N}{2\beta} - \frac{1}{2}\sum_{n=1}^{N}(t_n - \mu)^2 \tag{3.33}$$

したがって、(3.30) からは、$1/\beta$（すなわち、σ^2）が次のように決まります。この式の μ には、(3.32) で計算した値を代入するものと考えてください。

$$\sigma^2 = \frac{1}{\beta} = \frac{1}{N}\sum_{n=1}^{N}(t_n - \mu)^2 \tag{3.34}$$

(3.34) の右辺は、観測データ $\{t_n\}_{n=1}^{N}$ の分散（標本分散）になっており、分散 σ^2 の推定値として、観測データの標本分散を採用することを意味します。

3.2.2 サンプルコードによる確認

これで、最尤推定法による平均 μ と標準偏差 σ の推定値が決まりました。あらためて、公式としてまとめておくと次のとおりです。

$$\mu = \frac{1}{N}\sum_{n=1}^{N} t_n \tag{3.35}$$

$$\sigma^2 = \frac{1}{N}\sum_{n=1}^{N}(t_n - \mu)^2 \tag{3.36}$$

ここでは、この後の説明の都合により、標準偏差σの代わりに、分散σ^2の形で計算式を示してあります。(3.35) (3.36) の右辺は、それぞれ、観測データ $\{t_n\}_{n=1}^N$ から計算される平均と分散の値、すなわち、標本平均、および、標本分散です。つまり、背後にある正規分布の平均と分散を考えるにあたり、手元にある観測データの平均と分散で代替しておこうという発想になります。もちろん、このような推測が必ずしも「正解」を与えるという保証はありません。どの程度まで正確な予測ができるのか、サンプルコードを用いて、実際に試してみましょう。

なお、細かい点になりますが、この「正解」という言い方は、あまり厳密ではありません。何を持って正しいとするかは、判断基準によって変わるためです。ここでは、「データを生成するために利用した分布と同じ値」が得られるかという点を議論しており、統計学の世界では、これを「真の母数」と呼びます。「必ずしも正解を与えるわけではない」というのは、ここでは、「標本平均、および、標本分散による推定値は、必ずしも真の母数と一致するわけではない」という意味になります。

サンプルコードに話を戻しましょう。ノートブック「03-ml_gauss.ipynb」では、はじめに、平均0、標準偏差1の正規分布に従って、ランダムな観測値の集合 $\{t_n\}_{n=1}^N$ を生成します。その後、(3.35) (3.36) を用いて、平均μと標準偏差σの推定値を計算します。最後に、正解となる「平均0、標準偏差1」の正規分布のグラフと、推定された「平均μ、標準偏差σ」の正規分布のグラフを描きます。

ノートブックのセルを [03MG-01] から順に [03MG-03] まで実行すると、**図3.12**のようなグラフが表示されます。観測値として取得するデータ数Nについて、$N = 2, 4, 10, 300$の結果が示されています。破線のグラフが正解となる「平均0、標準偏差1」のグラフで、実線のグラフが推定された「平均μ、標準偏差σ」のグラフになります。グラフ上の丸い点は、得られた観測値を示します。

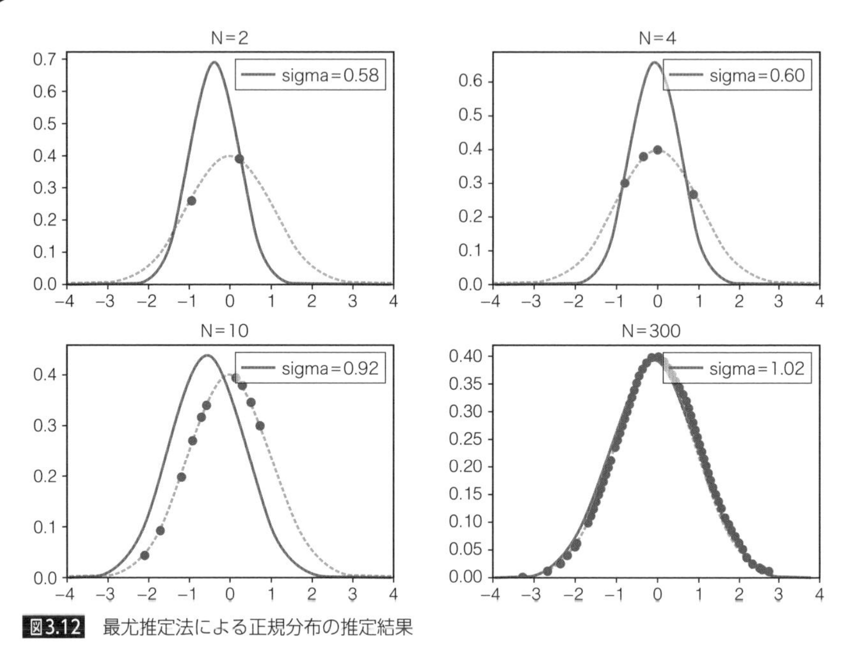

図3.12 最尤推定法による正規分布の推定結果

これを見ると、データ数Nが増えるに従って、推定結果はより正解（真の母数）に近づいていることがわかります。データ数が少ない場合は、背後にある正規分布に対して、ごく一部の値しか得られません。そのため、与えられたデータから正規分布の全体像を復元するのは困難になることがわかります。

図3.12のそれぞれのグラフにある「sigma」の値は、標準偏差σの推定値を表します。乱数でデータを生成しているので実行ごとに結果が変わりますが、データ数Nが小さいと、ほとんどの場合、σの値は真の母数1よりも小さく推定されます。これは、正規分布の裾野付近の値は発生確率が低いため、このあたりのデータが得られにくいことが原因と考えられます。データが少ない場合、裾野の広がりをとらえることができずに、標準偏差はどうしても小さく推定されるというわけです。

3.2.3 推定量の評価方法（一致性と不偏性）

前項の結果から、最尤推定法は、必ずしも正解（真の母数）を与えるものではないことがわかりました。もちろんこれは、最尤推定法に限った話ではありません。これまで、データサイエンスの目的について、「過去のデータから未来を予測する」という言い方をしてきました。これは、「有限個のデータから、その背後にある一般的な事実を推測する」と言い換えることができます。あくまでも推測ですので、さまざまな推測方法があり、それぞれにメリット／デメリットがあります。機械学習で得られた結果を無条件に信じるのではなく、テストセットによる検証やクロスバリデーションによって、モデルの汎化能力を評価することが大切です。

ただし、**図3.12**の結果については、少し異なる見方をすることもできます。最尤推定法、すなわち、(3.35) (3.36)で計算された結果をテストセットで検証することは、もちろん可能です。しかしながら、今の場合、「標準偏差σ（分散σ^2）の推定値は、真の値よりも小さくなる傾向がある」ということが、最初からわかっています。それであれば、(3.36)から計算される値をそのまま採用するのではなく、これを少しだけ大きくした値を分散の推定値として採用することも可能です。

しかしながら、どの程度に大きくすればよいのかを判断する指標が必要です。ここで登場するのが、「推定量の評価方法」の考え方です。何らかの理屈に基づいて、与えられたデータから推定値を計算する方法が得られた場合、その計算方法を「推定量」と呼びます。具体的なデータから計算された値（推定値）と区別するために、このような呼び方をします。分散σ^2の場合であれば、(3.36)の計算式が「推定量」であり、**図3.12**に示された、個々の「sigma」の値（を2乗したもの）が「推定値」になります。そして、さまざまな推定量の中でも、「一致性」と「不偏性」を持つものは、性質のよい推定量として扱われます。これらは機械学習に特有のものではなく、純粋に統計学の世界で扱われる概念ですが、先ほどの例を用いて、少し詳しく説明していきます。

まず、**図3.12**を見るとわかるように、観測するデータ数Nを大きくしていくと、μとσの推定値は、真の母数である0と1近づいていきます。このように、データ数を大きくすることで、真の値に近づいていくことを「一致性」と呼びます。この後の「3.3 付録 ― 標本平均／標本分散の一致性と不偏性」で説明するように、(3.35) (3.36)の推定量は一致性を持つことが数学的にも証明されます。一般に、一致性を持つ推定量を「一致推定量」と呼びます。

もうひとつの「不偏性」は少し説明が必要です。たとえば、**図3.12**の$N=4$の例では、4個の観測値を取得して、それらを(3.35)(3.36)に代入することで、μとσ^2の推定値を計算しました。ここで、さらにもう一度、4個の観測値を取得して、新たな推定値を計算します。このように、「4個の観測値を取得して、それらから推定値を計算する」ということを繰り返すと、それぞれに異なる推定値が集まります。ここで、得られた推定値全体の平均値を計算するとどうなるでしょうか？

結論から言うと、集める推定値の数を増やしていくと、「μの推定値の平均」は、真の母数である0に近づいていきます。これは、不偏性を持つ例になります。一方で、「σ^2の推定値の平均」は、真の母数である1よりも小さい値に近づいていきます。これは、不偏性を持たない例です。一般に、普遍性のある推定量というのは、「何度も推定を繰り返した際に、推定値の平均が真の母数に近づいていく」という性質を満たすものを言います。不偏性を持つ推定量を「不偏推定量」と呼びます。

不偏性のある推定量と、ない推定量の違いを大雑把に図示すると、**図3.13**のようになります。(3.36)で計算されるσ^2は、データ数が十分に多ければ、真の母数に近い値が得られますが、全体としては、真の母数よりも小さくなる傾向があり、不偏性が成り立ちません。不偏性を持つ推定量というのは、データ数が少ない場合、真の母数から外れる可能性もありますが、「(大雑把に言うと)大きい方に外れる場合と小さい方に外れる場合が均等にある」ということを意味します。

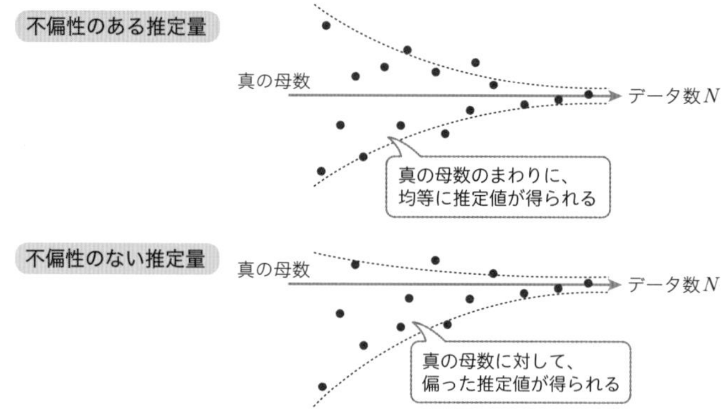

図3.13 不偏性のある推定量とない推定量（大雑把な説明）

実は、(3.36) を修正して、分散 σ^2 に対する不偏性のある推定量を構成することが可能です。この後の「3.3 付録 — 標本平均／標本分散の一致性と不偏性」で示すように、(3.36) の分母にある N を $N-1$ に置き換えることで、不偏推定量が得られます。その後は、さらに、サンプルコードによる数値計算で、**図3.13**に相当するグラフを実際に描いてみます。その結果を見ると、実は、**図3.13**は単純化しすぎていることがわかります。この点については、後ほどあらためて解説します。

3.3 付録 — 標本平均／標本分散の一致性と不偏性

ここでは、(3.35) と (3.36) で計算される推定量について、一致性と不偏性を数学的に確認します。また、サンプルコードによる数値計算で、不偏性がどのように実現されているかを実際のグラフに描いて確認します。

3.3.1 標本平均／標本分散の一致性と不偏性の証明

数学徒の小部屋

(3.35) と (3.36) の推定量について、一致性と不偏性を確認します。数学的に厳密な議論をするために、はじめに記号を定義し直しておきます。平均 μ、分散 σ^2 の正規分布から独立に得られた N 個のサンプルを $\{x_n\}_{n=1}^N$ として、この標本平均と標本分散を次式で表します[*25]。

$$\overline{x}_N = \frac{1}{N}\sum_{n=1}^N x_n \tag{3.37}$$

$$S_N^2 = \frac{1}{N}\sum_{n=1}^N (x_n - \overline{x}_N)^2 \tag{3.38}$$

これらが μ と σ^2 に対する一致推定量であることは、数学的には、次式で表現されます。

＊25 前節では、観測データを t_n で表していましたが、一般的な議論を行うために、ここでは、より一般的な記号 x_n を使用します。

$$\forall\epsilon > 0\,;\ \lim_{N\to\infty} P(|\overline{x}_N - \mu| < \epsilon) = 1 \tag{3.39}$$

$$\forall\epsilon > 0\,;\ \lim_{N\to\infty} P(|S_N^2 - \sigma^2| < \epsilon) = 1 \tag{3.40}$$

これは、$\overline{x}_N$ と S_N^2 は、それぞれ、μ と σ^2 にいくらでも近い値に確率1で収束することを表します。特に、(3.39) は標本平均が真の平均に収束するという「大数の法則」にほかなりません。

また、不偏性については、これらの推定量の期待値として表現されます。

$$E[\overline{x}_N] = \mu \tag{3.41}$$

$$E[S_N^2] = \frac{N-1}{N}\sigma^2 \tag{3.42}$$

(3.41) は、N 個のサンプルを集めて $\overline{x}_N$ を計算するということを何度も実施した場合に、その平均が μ に近づくことを示します。つまり、$\overline{x}_N$ は不偏推定量になっています。一方、(3.42) は、S_N^2 は不偏推定量にはなっておらず、次で定義される推定量が不偏推定量になることを示しています。

$$U_N^2 = \frac{N}{N-1}S_N^2 = \frac{1}{N-1}\sum_{n=1}^{N}(x_n - \overline{x}_N)^2 \tag{3.43}$$

これは、次の計算から簡単にわかります。これ以降は、(3.43) で定義される U_N^2 を不偏分散と呼びます。

$$E[U_N^2] = \frac{N}{N-1}E[S_N^2] = \sigma^2 \tag{3.44}$$

以上の準備のもとに、(3.39)～(3.42) を示します。それぞれの x_n は、平均 μ、分散 σ^2 の正規分布から得られたサンプルですので、次が成立することに注意します。

$$E[x_n] = \mu \tag{3.45}$$

$$V[x_n] = E[(x_n - \mu)^2] = \sigma^2 \tag{3.46}$$

まず、不偏性に関する (3.41) (3.42) については、(3.37) (3.38) を用いて直接に計算することができます。(3.41) は、次のとおりです。

$$E[\overline{x}_N] = \frac{1}{N}\sum_{n=1}^{N}E[x_n] = \frac{1}{N}\times N\mu = \mu \tag{3.47}$$

(3.42) は、次のようになります。

$$
\begin{aligned}
E[S_N^2] &= \frac{1}{N}E\left[\sum_{n=1}^{N}(x_n - \overline{x}_N)^2\right] \\
&= \frac{1}{N}E\left[\sum_{n=1}^{N}\{(x_n - \mu) - (\overline{x}_N - \mu)\}^2\right] \\
&= \frac{1}{N}E\left[\sum_{n=1}^{N}(x_n - \mu)^2\right] \\
&\quad - \frac{2}{N}E\left[\sum_{n=1}^{N}(x_n - \mu)(\overline{x}_N - \mu)\right] \\
&\quad + \frac{1}{N}E\left[\sum_{n=1}^{N}(\overline{x}_N - \mu)^2\right]
\end{aligned} \tag{3.48}
$$

(3.48) の第1項と第2項は、次のように計算されます。

$$
(\text{第 1 項}) = \frac{1}{N}\sum_{n=1}^{N}E[(x_n - \mu)^2] = \frac{1}{N} \times N\sigma^2 = \sigma^2 \tag{3.49}
$$

$$
\begin{aligned}
(\text{第 2 項}) &= -\frac{2}{N}E\left[\sum_{n=1}^{N}(x_n - \mu)\left(\sum_{n'=1}^{N}\frac{x_{n'}}{N} - \mu\right)\right] \\
&= -\frac{2}{N}E\left[\sum_{n=1}^{N}(x_n - \mu)\sum_{n'=1}^{N}\frac{1}{N}(x_{n'} - \mu)\right] \\
&= -\frac{2}{N^2}\sum_{n=1}^{N}\sum_{n'=1}^{N}E[(x_n - \mu)(x_{n'} - \mu)] \\
&= -\frac{2}{N^2}\sum_{n=1}^{N}E[(x_n - \mu)^2] \\
&= -\frac{2}{N^2}N\sigma^2 = -\frac{2}{N}\sigma^2
\end{aligned} \tag{3.50}
$$

ここで、3行目から4行目への変形では、それぞれのサンプル x_n は独立に取得しているので、$n \neq n'$ の場合に、次の関係が成り立つことを用いています。

$$
E[(x_n - \mu)(x_{n'} - \mu)] = E[x_n - \mu]E[x_{n'} - \mu] = 0 \tag{3.51}
$$

第3項も同様に計算できます。次の4行目から5行目への変形では、先ほどと同じ (3.51) の関係を用いています。

$$
\begin{aligned}
(\text{第 3 項}) &= \frac{1}{N} \times NE[(\overline{x}_N - \mu)^2] \\
&= E\left[\left(\sum_{n=1}^{N} \frac{x_n}{N} - \mu\right)^2\right] \\
&= E\left[\sum_{n=1}^{N} \frac{1}{N}(x_n - \mu) \sum_{n'=1}^{N} \frac{1}{N}(x_{n'} - \mu)\right] \\
&= \frac{1}{N^2} \sum_{n=1}^{N} \sum_{n'=1}^{N} E[(x_n - \mu)(x_{n'} - \mu)] \\
&= \frac{1}{N^2} \sum_{n=1}^{N} E[(x_n - \mu)^2] \\
&= \frac{1}{N^2} \times N\sigma^2 = \frac{1}{N}\sigma^2
\end{aligned} \tag{3.52}
$$

(3.49) (3.50) (3.52) を (3.48) に代入すると、(3.42) が得られます。

続いて、一致性を示す (3.39) (3.40) の証明ですが、こちらは、チェビシェフの不等式と、χ^2（カイ二乗）分布の性質が必要となるので、やや高度な内容になります。ここでは、証明の概略だけを述べておきます。

まず、チェビシェフの不等式は、期待値 $E[X]$ と分散 $V[X]$ が存在する任意の確率変数 X について成り立つ、次の関係式です。

$$
\forall \epsilon > 0 ;\, P(|X - E[X]| \geq \epsilon) \leq \frac{V[X]}{\epsilon^2} \tag{3.53}
$$

上式の X として、(3.37) で与えられる $\overline{x}_N$ を適用します。この時、先に証明した (3.41)、および、次の関係を利用します。

$$
\begin{aligned}
V[\overline{x}_N] &= V\left[\frac{1}{N}\sum_{n=1}^{N} x_n\right] = \frac{1}{N^2} V\left[\sum_{n=1}^{N} x_n\right] \\
&= \frac{1}{N^2} E\left[\left(\sum_{n=1}^{N} x_n - N\mu\right)^2\right] \\
&= \frac{1}{N^2} E\left[\sum_{n=1}^{N} (x_n - \mu) \sum_{n'=1}^{N} (x_{n'} - \mu)\right] \\
&= \frac{1}{N^2} \sum_{n=1}^{N} \sum_{n'=1}^{N} E[(x_n - \mu)(x_{n'} - \mu)] \\
&= \frac{1}{N^2} \sum_{n=1}^{N} E[(x_n - \mu)^2] = \frac{1}{N^2} \times N\sigma^2 = \frac{\sigma^2}{N}
\end{aligned} \tag{3.54}
$$

すると、次の関係式が得られます。

$$\forall\epsilon > 0;\ P(|\overline{x}_N - \mu| \ge \epsilon) \le \frac{\sigma^2}{N\epsilon^2} \tag{3.55}$$

ここで、$N \to \infty$ の極限を考えると、次式が成立します。これより、(3.39) が導かれます。

$$\forall\epsilon > 0;\ \lim_{N\to\infty} P(|\overline{x}_N - \mu| \ge \epsilon) = 0 \tag{3.56}$$

(3.40) については、(3.38) で定義される S_N^2 に対して、NS_N^2/σ^2 が「自由度 $N-1$ の χ^2 分布に従う」という事実を利用します。この事実から、S_N^2 の分散が次式に決まります。

$$V[S_N^2] = \frac{2\sigma^4(N-1)}{N^2} \tag{3.57}$$

チェビシェフの不等式の X に S_N^2 を適用して、(3.42) と (3.57) を利用すると、次式が得られます。

$$\forall\epsilon > 0;\ P\left(\left|S_N^2 - \frac{N-1}{N}\sigma^2\right| \ge \epsilon\right) \le \frac{2\sigma^4(N-1)}{\epsilon^2 N^2} \tag{3.58}$$

ここで、与えられた $\epsilon > 0$ に対して、十分に大きな N をとると、次式を満たす $\delta > 0$ が得られます。

$$\delta = \sigma^2 - \frac{N-1}{N}\sigma^2 = \frac{1}{N}\sigma^2 < \epsilon \tag{3.59}$$

図3.14 に示した2つの領域の包含関係

$$\left\{S_N^2 \,\middle|\, |S_N^2 - \sigma^2| \ge \epsilon\right\} \subset \left\{S_N^2 \,\middle|\, \left|S_N^2 - \frac{N-1}{N}\sigma^2\right| \ge \epsilon - \delta\right\} \tag{3.60}$$

を考慮すると、この δ を用いて、次の関係が成立します。

$$\begin{aligned} P(|S_N^2 - \sigma^2| \ge \epsilon) &\le P\left(\left|S_N^2 - \frac{N-1}{N}\sigma^2\right| \ge \epsilon - \delta\right) \\ &\le \frac{2\sigma^4(N-1)}{(\epsilon-\delta)^2 N^2} = \frac{2\sigma^4(N-1)}{\left(\epsilon - \frac{1}{N}\sigma^2\right)^2 N^2} \end{aligned} \tag{3.61}$$

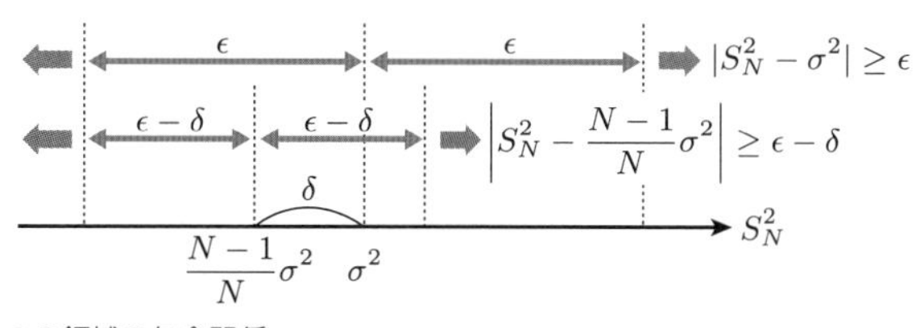

図3.14 2つの領域の包含関係

1行目から2行目への変形では、(3.58) の ϵ に $\epsilon-\delta>0$ を適用した結果を用いています。(3.61) で $N\to\infty$ の極限を考えると、次式が成立します。これから、(3.40) が導かれます。

$$\forall\epsilon>0;\ \lim_{N\to\infty}P(|S_N^2-\sigma^2|\geq\epsilon)=0 \tag{3.62}$$

χ^2 分布については、この次の「3.3.2 サンプルコードによる確認」の最後にも補足説明があります。

3.3.2 サンプルコードによる確認

ここまでに、正規分布に従って発生する観測データ $\{x_n\}_{n=1}^N$ から計算される、3種類の推定量が登場しました。

・**標本平均**

$$\overline{x}_N=\frac{1}{N}\sum_{n=1}^N x_n \tag{3.63}$$

・**標本分散**

$$S_N^2=\frac{1}{N}\sum_{n=1}^N(x_n-\overline{x}_N)^2 \tag{3.64}$$

・**不偏分散**

$$U_N^2=\frac{1}{N-1}\sum_{n=1}^N(x_n-\overline{x}_N)^2 \tag{3.65}$$

ここでは、観測点を1つに固定して考えているので、観測データの記号は t_n ではなく、より一般的な x_n を使っています。観測点を示す記号ではありませんので、注意してください。

標本平均と標本分散は、一致推定量であり、観測データ N が大きくなると、真の母数(観測データを生成した正規分布の平均 μ と分散 σ^2)に近づいていきます。一方、標本平均は不偏推定量ですが、標本分散は不偏推定量にはなっていません。これは、「N 個のデータを取得して、標本分散を計算する」ということを何度も繰り返した時に、それらの平均値が真の母数(分散

σ^2）に一致しない、ということを意味します。その理由は、大雑把には、先ほどの**図3.13**で説明したとおりです。ただし、実際に数値計算で**図3.13**に相当するグラフを描くと、少し違った様子が見えてきます。

ノートブック「03-estimator_bias.ipynb」では、平均0、標準偏差1の正規分布に従って、ランダムなデータを生成して、(3.63)〜(3.65)を用いた推定値を計算します。この際、取得するデータ数Nを変化させながら、次のような処理を行うことで、**図3.13**に相当するグラフを作成します。2,000個すべての推定値を表示するとグラフが見にくくなるので、ここでは、40個だけを抽出してプロットしています。

- 「N個のデータを生成して推定値を計算する」という処理を2,000回繰り返した後、得られた2,000個の推定値の平均を求める
- 2,000個の推定値から、40個を抽出してグラフにプロットする
- 「推定値の平均」をグラフに表示する

まずは、実際に実行して、結果を見ることにしましょう。ノートブックのセルを [03EB-01] から順に [03EB-08] まで実行します。[03EB-06] を実行したところで、**図3.15**のグラフが表示されます。また、[03EB-07] と [03EB-08] を実行したところで、**図3.16**のグラフが表示されます。

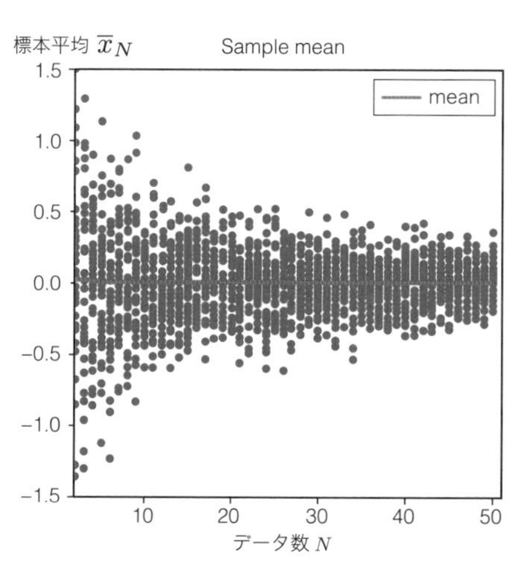

図3.15 観測を繰り返した時の標本平均の散らばり

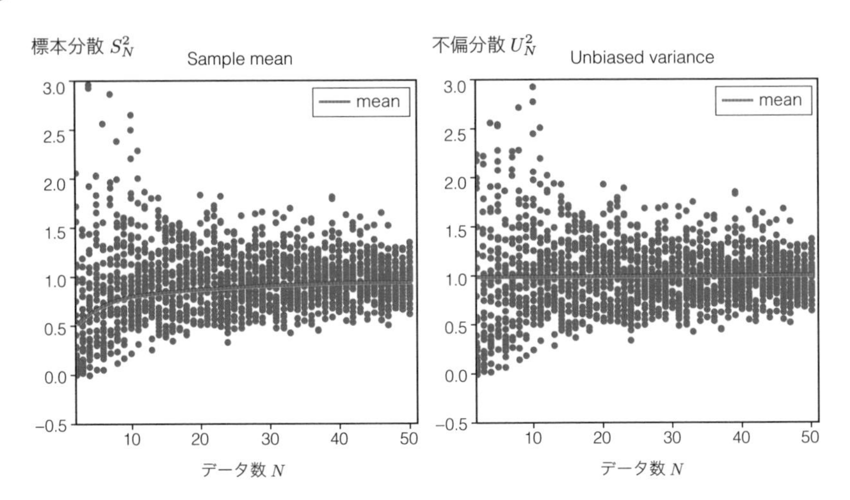

図3.16 観測を繰り返した時の標本分散と不偏分散の散らばり

まず、**図3.15**は、標本平均$\overline{x}_N$に対する結果です。データ数Nが小さい場合、40個の推定値は、0を中心に上下に広く散らばっています。データ数Nが大きくなるにつれて、散らばりが少なくなる様子がわかります。ただし、データ数Nの大小にかかわらず、散らばりの中心は0になっていますので、「推定値の平均」を表す直線は、常に0を示しています。これが、「標本平均は不偏推定量である」ということの意味です。

一方、**図3.16**の左にある標本分散S_N^2に対する結果は、少し様子が違います。データ数Nが少ない部分を見ると、「データの散らばり」としては、グラフの上方に大きく広がっています。しかしながら、大部分のデータはグラフの下方に集中しており、これらの平均をとると、真の母数である$\sigma^2 = 1$よりも小さな値が得られます。データの裾野の広がりとは逆方向に、平均値がずれている点に注意が必要です。

実は、これは、「3.3.1 標本平均／標本分散の一致性と不偏性の証明」で触れた、「NS_N^2/σ^2が自由度$N-1$のχ^2分布に従う」という事実に関係しています。そもそも、標本分散S_N^2は正の値しかとりませんので、その散らばり具合は、対称な形にはなりえません。**図3.17**のように、正の方向に裾野が長く広がった分布になります。このように、正の値の方向に裾野が伸びた分布がχ^2分布になります。

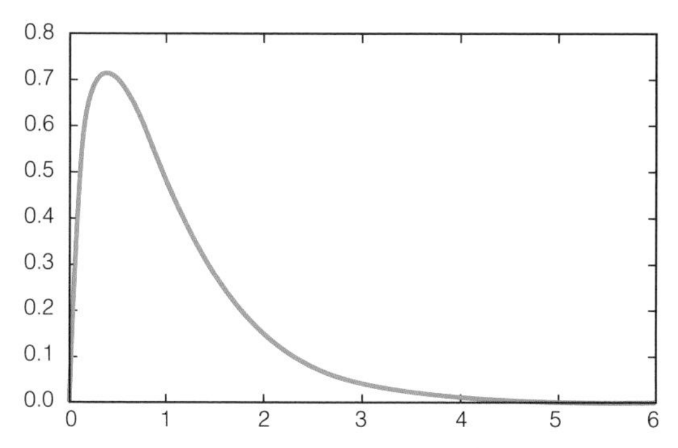

図3.17 χ^2分布の確率密度

そして、標本分散S_N^2の値を$N/(N-1)$倍することで、値が大きくなる方向に補正したものが、不偏分散U_N^2になります。**図3.16**の右にある不偏分散U_N^2に対する結果を見ると、推定値の平均を表す直線は、ほぼ一定の1を示しており、不偏推定量になっていることがわかります。ただし、データの散らばり具合は、対称になっているわけではありません。**図3.17**の分布を全体的に右に拡大したようなもので、正の方向に対する裾野の広がりは、むしろ大きくなっています。**図3.13**の「大雑把な説明」とは、少し状況が異なることがわかります。

不偏推定量というのは、あくまでも「多数の推定を繰り返した際の平均値」についての性質であって、1回の観測に基づく推定値の正確さを表すものではありません。機械学習で得られた結果を利用する際は、その結果が持つ、統計学的な性質を理解しておくことも大切になります。

パーセプトロン：分類アルゴリズムの基礎

パーセプトロン：分類アルゴリズムの基礎

本章では、分類アルゴリズムの基礎となるパーセプトロンを取り上げます。使用する例題は、「1.3.2 線形判別による新規データの分類」の［例題2］です。**図4.1**のように、$t=\pm1$の2種類の属性を持つデータを分類する直線を発見する問題です。例題の［解説］でも触れたように、与えられたデータを完全に分類することは不可能ですので、何らかの基準を設けて、最善と思われる分割方法を決定する必要があります。

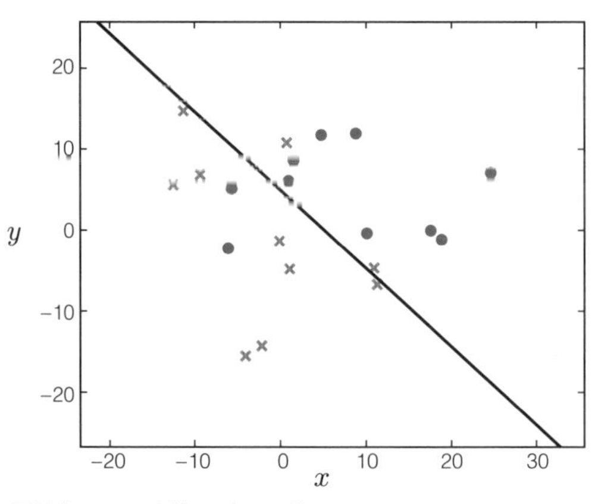

図4.1 属性値$t=\pm1$を持つデータ群

この時、どのような基準を設けるかによって、直線を決定するアルゴリズムが変わります。ここでは、最小二乗法に類似の「誤差関数」を用いた方法を適用します。ただし、最小二乗法とは異なり、「紙と鉛筆による計算」だけでは、誤差を最小にするパラメーターを決めることができません。数値計算を用いてパラメーターの修正を繰り返す、「確率的勾配降下法」と呼ばれる計算手法が登場します。いよいよ、機械学習らしいアルゴリズムの世界が始まります。

4.1 確率的勾配降下法のアルゴリズム

パーセプトロンは誤差関数を用いた計算方法ですが、これもまた、「パラメトリックモデルの3つのステップ」をガイドラインとして理解することができます。しつこいようですが、3つのステップをもう一度、ここに掲載しておきます。

(1) パラメーターを含むモデル (数式) を設定する
(2) パラメーターを評価する基準を定める
(3) 最良の評価を与えるパラメーターを決定する

このステップに従って、確率的勾配降下法のアルゴリズムを組み立てていきましょう。

4.1.1 平面を分割する直線の方程式

はじめに、ステップ(1)として、パラメーターを含むモデル (数式) を用意します。今回は、(x, y) 平面上のデータを分類する直線を求めることが目的ですので、この直線を数式で表現します。直線の式と言うと、$y = ax + b$ という形式を思い浮かべるかもしれませんが、ここでは、x と y を対等に扱うために、次の一次関数 $f(x, y)$ を用意します。

$$f(x, y) = w_0 + w_1 x + w_2 y \tag{4.1}$$

この時、(x, y) 平面を分割する直線は、次式で表されます。

$$f(x, y) = 0 \tag{4.2}$$

さらに、**図4.2**に示すように、分割された2つの領域は、$f(x, y)$ の符号で判別できるようになります。この図では、具体例として、$f(x, y) = -10 + 3x + 2y$ の場合を示していますが、境界線上の点 (x, y) は $f(x, y) = 0$ を満たしており、境界線から離れるに従って、$f(x, y)$ の値は、正、もしくは、負の方向に変化していく様子が読み取れます。

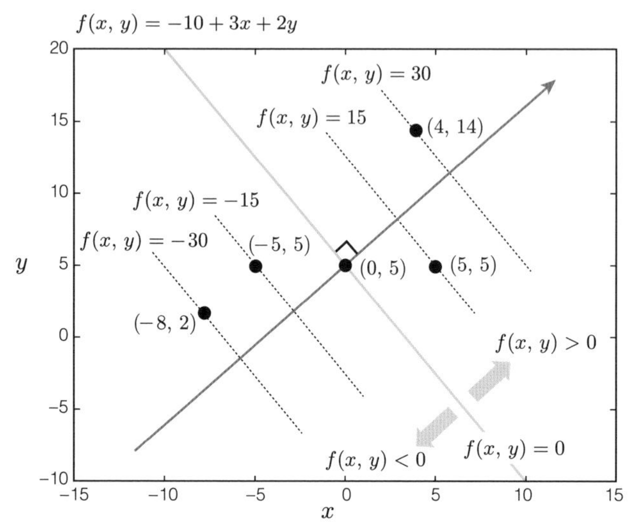

図4.2 関数 $f(x, y)$ で分割される領域

そして、(x, y) 平面をこのように分割する目的は、$t = \pm 1$ の2種類の属性を持つデータを分類することでした。ここでは、次のルールでデータを分類することにします。

$$f(x, y) > 0 \Rightarrow t = +1 \tag{4.3}$$

$$f(x, y) < 0 \Rightarrow t = -1 \tag{4.4}$$

この時、トレーニングセットとして与えられたデータ $\{(x_n, y_n, t_n)\}_{n=1}^N$ について、それぞれ、正しく分類されているかどうかは、次のルールで判定することができます。

$$f(x_n, y_n) \times t_n > 0 \Rightarrow \text{正解} \tag{4.5}$$

$$f(x_n, y_n) \times t_n \leq 0 \Rightarrow \text{不正解} \tag{4.6}$$

$t = \pm 1$ のどちらのデータについても、同じルールで正解／不正解が判定できるところがポイントです。すべての (x_n, y_n, t_n) について、(4.5) が成り立つような直線、すなわち、(4.1) に含まれるパラメーター (w_0, w_1, w_2) の値を見つけることが目標となります。これを実現するために、ステップ(2)として、パラメーター(w_0, w_1, w_2)の評価基準を導入します。

4.1.2 誤差関数による分類結果の評価

パラメーターの評価基準として、正しく分類できなかった点、すなわち、(4.6)が成り立つ点があった際に、それを誤差として計算します。誤差というよりは、誤って判定したことに対するペナルティと考える方がわかりやすいかもしれません。このペナルティの合計値が小さいほど、正しい分類に近いものと考えます。

具体的な誤差の値としては、「境界線から離れるほど、$f(x, y)$の絶対値が大きくなる」という特徴を利用して、次の値を採用します。

$$E_n = |f(x_n, y_n)| \tag{4.7}$$

これは、正しく分類できなかった点についてのみ計算することに注意してください。**図4.3**に示すように、誤って分類された点であっても、境界線の近くにある場合は誤差が小さく、境界線から離れていくほどに誤差が大きくなります。誤って分類された点の誤差を合計したものが、分類の誤差Eとなります。

$$E = \sum_n E_n = \sum_n |f(x_n, y_n)| \tag{4.8}$$

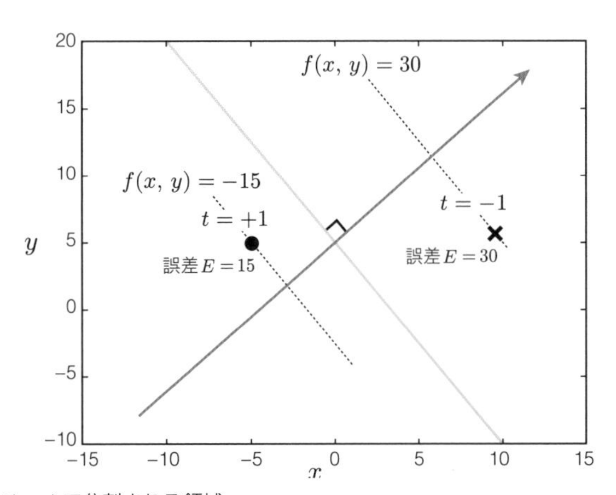

図4.3 関数$f(x, y)$で分割される領域

(4.8)に含まれる和の記号$\sum$は、誤って分類された点についての合計を表します。また、そのような点は(4.6)を満たすので、次の関係式が成り立ちます。$t_n = \pm 1$である点に注意してください。

$$|f(x_n, y_n)| = -f(x_n, y_n) \times t_n \tag{4.9}$$

(4.9)、および、$f(x, y)$の定義(4.1)を用いると、(4.8)は、次のように表されます。ここでは、誤差Eがパラメーター(w_0, w_1, w_2)の関数であることを明示しています。

$$E(w_0, w_1, w_2) = -\sum_n (w_0 + w_1 x_n + w_2 y_n) t_n \tag{4.10}$$

あるいは、ベクトルを用いて、次のように表すこともできます。

$$E(\mathbf{w}) = -\sum_n t_n \mathbf{w}^{\mathrm{T}} \boldsymbol{\phi}_n \tag{4.11}$$

ここで、$\mathbf{w}$と$\boldsymbol{\phi}_n$は、次で定義されるベクトルになります。

$$\mathbf{w} = \begin{pmatrix} w_0 \\ w_1 \\ w_2 \end{pmatrix} \tag{4.12}$$

$$\boldsymbol{\phi}_n = \begin{pmatrix} 1 \\ x_n \\ y_n \end{pmatrix} \begin{matrix} \longleftarrow \text{バイアス項} \\ \\ \\ \end{matrix} \tag{4.13}$$

$\mathbf{w}$は、求めるべきパラメーターを並べたベクトルで、これまでにも類似のベクトル$\mathbf{w}$が何度か登場しました。もう一方の$\boldsymbol{\phi}_n$は、トレーニングセットに含まれるデータの座標(x_n, y_n)を並べたものですが、定数項w_0に対応する成分として、第1成分に定数1を入れてあります。やや技巧的ですが、(4.10)をベクトル形式で書き直すために導入したものです。このような形で追加する定数項を「バイアス項」と呼びます。

これで、モデルのパラメーター$\mathbf{w}$を評価する基準が決まりました。(4.11)で計算される誤差Eが小さくなるほど、トレーニングセットは、より適切に分類されていると考えることができます。すべてのデータが正しく分類できた場合は、$E=0$になります。

最後のステップ(3)は、(4.11)の誤差Eを最小にするパラメーター$\mathbf{w}$を求めることですが、実は、これが一筋縄ではいきません。ここで、本節のテーマである、「確率的勾配降下法」が登場することになります。

4.1.3 勾配ベクトルによるパラメーターの修正

最小二乗法では、パラメーターによる偏微分係数が0になるという条件から、二乗誤差E_Dを最小にする係数$\mathbf{w}$を決定することができました。これと同様に、(4.10)の誤差Eの偏微分係数を0と置いてみます。

$$\frac{\partial E}{\partial w_m} = 0 \quad (m = 0, 1, 2) \tag{4.14}$$

あるいは、ベクトル形式で、勾配ベクトルが$\mathbf{0}$になるとしても構いません。

$$\nabla E(\mathbf{w}) = -\sum_n t_n \boldsymbol{\phi}_n = \mathbf{0} \tag{4.15}$$

一般に、勾配ベクトルは、次式で定義されるベクトルです。

$$\nabla E(\mathbf{w}) = \begin{pmatrix} \dfrac{\partial E}{\partial w_0} \\ \dfrac{\partial E}{\partial w_1} \\ \dfrac{\partial E}{\partial w_2} \end{pmatrix} \tag{4.16}$$

しかしながら、(4.14)、あるいは、(4.15)を変形しても、係数$\mathbf{w}$を表す式を得ることはできません。(4.15)を見るとわかるように、この式の中には、そもそも$\mathbf{w}$が含まれていません。このようなことが起きる理由は、「4.2.2 パーセプトロンの幾何学的解釈」であらためて説明しますが、ここでは、いったん、純粋な式変形で$\mathbf{w}$を求めることはあきらめます。その代わりに、数値計算を用いて、$\mathbf{w}$の値を修正しながら、誤差Eがなるべく小さくなるものを求めます。ここでヒントになるのが、勾配ベクトルの幾何学的な性質です。

たとえば、(x, y) 平面上に、**図4.4**のような形状の2変数関数 $h(x, y)$ があったとします。原点 $(0, 0)$ を谷底とするような、すり鉢状の関数です。具体例として、次の関数を考えます。

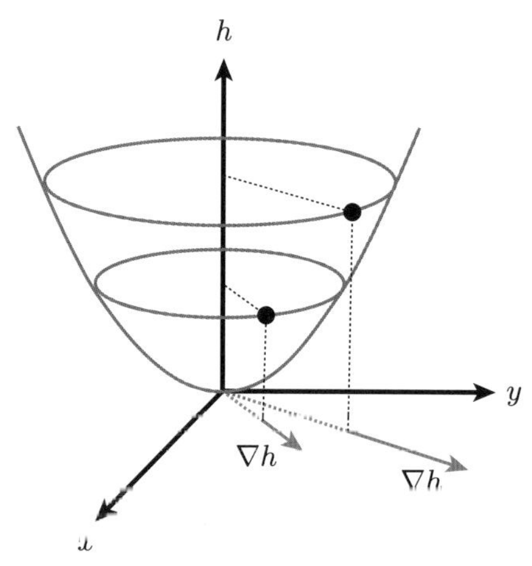

図4.4　勾配ベクトルの図形的な意味

$$h(x, y) = \frac{3}{4}(x^2 + y^2) \tag{4.17}$$

この場合、勾配ベクトルは、次のように計算されます。

$$\nabla h = \begin{pmatrix} \dfrac{\partial h}{\partial x} \\ \\ \dfrac{\partial h}{\partial y} \end{pmatrix} = \begin{pmatrix} \dfrac{3}{2}x \\ \\ \dfrac{3}{2}y \end{pmatrix} \tag{4.18}$$

この時、任意の点 (x, y) において、どちらかの方向に少し移動すると、h の値が変化しますが、勾配ベクトル ∇h は、h の値が最も急激に増加する方向、すなわち、「斜面をまっすぐに這い上がる方向」を示します。また、勾配ベクトルの大きさは、その点における斜面（接平面）の傾きを表します。

したがって、各点における勾配ベクトルの方向に移動していけば、$h(x, y)$の値はどんどん大きくなっていきます。

逆に言うと、勾配ベクトルの反対方向に進めば、$h(x, y)$の値は小さくなります。**図4.4**の例では、勾配ベクトル∇hは、原点から離れる方向に向いていますので、∇hの反対方向、すなわち、$-\nabla h$の方向に移動すると、原点$(0, 0)$に近づいていきます。これは、現在の居場所を$\mathbf{x}_{\text{old}}$として、次の居場所$\mathbf{x}_{\text{new}}$を次式で決定するアルゴリズムとして表現することができます。

$$\mathbf{x}_{\text{new}} = \mathbf{x}_{\text{old}} - \nabla h \tag{4.19}$$

座標$\mathbf{x}$を(4.19)に従って何度も更新していくと、どのようにして原点に近づいていくか想像できるでしょうか？　∇hが大きすぎて、原点を通り越してしまうこともありますが、うまい具合に、原点に近くなるほど、∇hの大きさは小さくなっていきます。**図4.5**のように、原点の上を行ったり来たりしながら、徐々に原点に近づいていきます[*26]。最終的に原点にたどり着くと、その点では、勾配ベクトル∇hは$\mathbf{0}$になるので、そこで停止することになります。

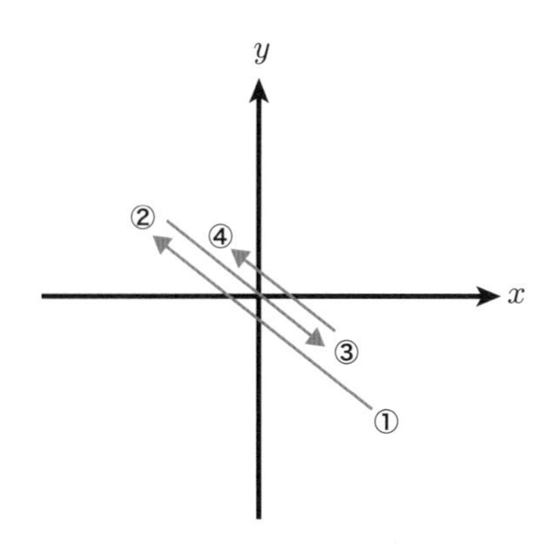

図4.5　$-\nabla h$方向の移動を繰り返す様子

＊26　∇hの大きさによっては、原点から離れていく場合もありますが、ここでは厳密な議論をしているわけではないので、気にしないでください。この後のパーセプトロンの場合は、問題なく収束することが数学的に証明されています。

今、実際に考えている(4.11)の誤差$E(\mathbf{w})$は、3変数(w_0, w_1, w_2)の関数ですが、本質的には同じことが言えます。$\mathbf{w}$の値を任意に決めた際に、その点で計算される勾配ベクトル$\nabla E(\mathbf{w})$の反対方向、すなわち、次式の方向に$\mathbf{w}$を修正することで、誤差$E(\mathbf{w})$の値を小さくすることができます。

$$-\nabla E(\mathbf{w}) = \sum_n t_n \boldsymbol{\phi}_n \tag{4.20}$$

「確率的勾配降下法」の「勾配降下」というのは、勾配ベクトルの反対方向にパラメーターを修正して、「誤差の谷」を降っていくという考え方になります。

それでは、「確率的」というのは、どういう意味でしょうか？ (4.20)の表式を見ると、右辺は「正しく分類されなかった点」についての和になっています。このような点が100個あった場合は、100個分の$t_n\boldsymbol{\phi}_n$を合計して、その値を$\mathbf{w}$に加えるという計算が必要になります。しかしながら、データ数が膨大にある場合、事前に$t_n\boldsymbol{\phi}_n$を合計するのは時間がかかるので、サンプリングを行います。

つまり、正しく分類されていない点(x_n, y_n)をどれか1つ選んで、とりあえず、その分だけパラメーターを修正します。

$$\mathbf{w}_{\rm new} = \mathbf{w}_{\rm old} + t_n \boldsymbol{\phi}_n \tag{4.21}$$

さらに、修正された新しい$\mathbf{w}$の下で、正しく分類されていない点を1つ選んで、同様に(4.21)の修正を行います。このように、「正しく分類されていない点」をランダムに選びながら、パラメーターを修正していくテクニックが「確率的勾配降下法」になります。

ただし、今の問題の場合は、「ランダムに選ぶ」というのも逆に面倒ですので、「nを1からNまで変化させながら、(x_n, y_n)が正しく分類されていなければ、パラメーター$\mathbf{w}$を(4.21)で更新する」という処理を行います。ランダムに選ぶ代わりに、「端から順に選んでいく」という作戦をとるわけです。$n = 1 \sim N$について処理が終わったら、さらにもう一度、$n = 1 \sim N$について同じ処理を繰り返します。

この処理を何度も繰り返した結果、ついに、すべての点を正しく分類する直線にたどり着いたとします。そうなると、「(x_n, y_n)が正しく分類されていなければ」という条件はどの点についても成立しなくなるので、これ以上、この処理を繰り返してもパラメーター$\mathbf{w}$は変化しなくなります。ここで、このアルゴリズムは終了します。

そのような直線が存在するかどうかは、トレーニングセットとして与えられたデータに依存しますが、すべての点を正しく分類する直線が存在する場合は、この処理を何度も繰り返すと、いつかはそのような直線にたどり着くことが数学的に証明されています*27。これが、パーセプトロンのアルゴリズムになります。

一方、そのような直線が存在しない場合、$\mathbf{w}$の値はいつまでも変化を続けます。この後のサンプルコードでは、一定の回数だけ処理を繰り返して、それでも正しく分類されない点が残る場合は、そこで処理を打ち切って、その時点の$\mathbf{w}$の値を採用するという形にしています。

4.1.4 サンプルコードによる確認

ノートブック「04-perceptron.ipynb」を用いて、パーセプトロンのアルゴリズムを実行してみます。このノートブックでは、トレーニングセットとして使用するデータをランダムに生成して、これを分類する直線を前述のアルゴリズムで決定します。パラメーター$\mathbf{w}$の値は、最初は、$\mathbf{w} = \mathbf{0}$（$w_0 = w_1 = w_2 = 0$）にセットします。その後、「nを1からNまで変化させながら、(x_n, y_n)が正しく分類されていなければ、パラメーター$\mathbf{w}$を(4.21)で更新する」という処理を行い、後でグラフに表示するために、この時点での$\mathbf{w}$を記録します。これをさらに、全部で30回繰り返していきます。

はじめに、ノートブックのセルを上から順に、[04PT-01]から[04PT-09]まで実行します。[04PT-08]と[04PT-09]を実行したところで、**図4.6**のようなグラフが表示されます。左側は、最終的な分類結果を示しており、「ERR」は正しく分類できなかったデータの割合を示します。この例では、

*27 具体的な証明方法は本書では割愛しますが、一般には「Novikovの定理」として知られています。

すべてのデータを正しく分類できています。右側は、アルゴリズムの実行中に、それぞれのパラメーターの値がどのように変化したかを示しています。この例では、すべてのデータをチェックする処理を2回繰り返した時点で完全な分類に成功しており、それ以降は、パラメーターの値が変化しなくなっています。先ほど説明したように、パーセプトロンのアルゴリズムでは、「正しく分類されていない点」を見つけてパラメーターを修正していくので、一度、完全に分類できた状態になれば、それ以上処理を繰り返してもパラメーターは変化しません。

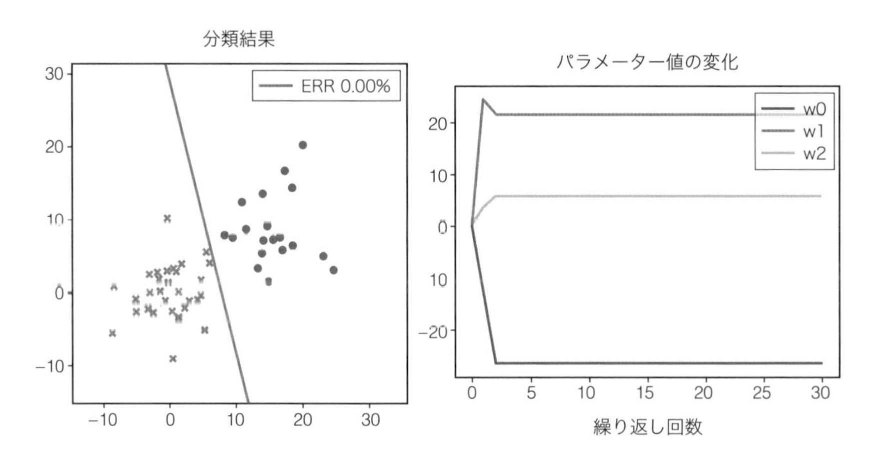

図4.6 パーセプトロンによる分類結果(完全に分類できる場合)

続けて、ノートブックのセルを[04PT-10]から[04PT-12]まで実行します。この部分では、2種類のデータ群が近くに混在して、分類が困難な場合を試しています。[04PT-11]と[04PT-12]を実行したところで、**図4.7**のようなグラフが表示されます。左側を見ると、直線では完全に分類できないデータ配置になっており、「ERR」の値、すなわち、正しく分類できなかったデータの割合は10%になっています。右側のグラフからもわかるように、完全に分類することができない場合、パラメーターはいつまでも変化を続けて、一定の値にはなりません。

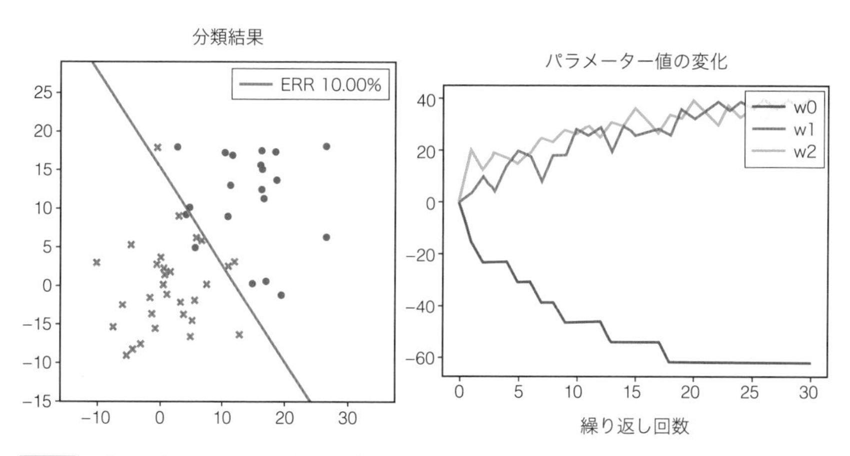

図4.7 パーセプトロンによる分類結果（完全に分類できない場合）

4.2 パーセプトロンの幾何学的な解釈

図4.6と**図4.7**の結果を見ると、パーセプトロンのアルゴリズムによって、確かに2種類のデータが分類できることがわかります。完全な分類ができないデータ配置の場合も、それなりに「もっともらしい」結果が得られています。しかしながら、これまでの議論では、1つ大切な点を見落としています。それは、確率的勾配降下法の「収束速度」です。

データを完全に分割する直線が存在する場合、(4.21)に従ってパラメーター$\mathbf{w}$を更新していくと、いつかはそのような直線にたどり着くと説明しました。しかしながら、具体的に何回ぐらい更新すればよいのかはわかりません。先ほどのサンプルコードでは、「$n=1\sim N$について(4.21)を適用する」という処理を30回繰り返しましたが、もしかしたら30回ではまったく不十分で、300回、あるいは、3万回繰り返さないと正解にたどり着かない可能性もあります。このように、パラメーターを繰り返し更新するアルゴリズムにおいて、どの程度すばやく正解にたどり着けるかという速さを「アルゴリズムの収束速度」と言います。

実は、先ほどのノートブック「04-perceptron.ipynb」では、収束速度を向上するために、少しアルゴリズムを修正しています。**図4.6**の場合、2回の繰り返しで正解に到達していますが、アルゴリズムを修正しない場合、これほど速く収束することはありません。ここでは、この修正内容を解説します。さらに、この修正に関連して、パーセプトロンのアルゴリズムを「図形的に理解する方法」を紹介します。

4.2.1 バイアス項の任意性とアルゴリズムの収束速度

前節の議論を振り返ると、パーセプトロンのアルゴリズムを構築する出発点として、(x, y) 平面を直線で分割するための関数 $f(x, y)$ を次のように定義しました。

$$f(x, y) = w_0 + w_1 x + w_2 y \tag{4.22}$$

しかしながら、$f(x, y)$ を次のように定義することも可能です。

$$f(x, y) = 2w_0 + w_1 x + w_2 y \tag{4.23}$$

定数項に2が付いている点がやや作為的ですが、w_0 の定義を1/2倍に変更したと考えれば、議論の一般性は失われていません。この時、誤差関数は次のように表されます。

$$E = -\sum_n t_n \mathbf{w}^{\mathrm{T}} \boldsymbol{\phi}_n \tag{4.24}$$

$$\mathbf{w} = \begin{pmatrix} w_0 \\ w_1 \\ w_2 \end{pmatrix} \tag{4.25}$$

$$\boldsymbol{\phi}_n = \begin{pmatrix} 2 \\ x_n \\ y_n \end{pmatrix} \tag{4.26}$$

ベクトル $\boldsymbol{\phi}_n$ のバイアス項が2になっている点が、先ほどと異なります。しかしながら、誤差関数(4.24)の形は、以前の(4.11)と変わりありません。したがって、先ほどと同じ議論を繰り返すことで、まったく同じ確率的勾配降下法の手続きが得られます。

$$\mathbf{w}_{\rm new} = \mathbf{w}_{\rm old} + t_n \boldsymbol{\phi}_n \tag{4.27}$$

ただし、ベクトル $\boldsymbol{\phi}_n$ は、(4.26) のように、バイアス項を2にしたものを用います。(4.27) における t_n は、±1の値をとりますので、(4.27) に従って $\mathbf{w}$ を更新すると、w_0 は ±2 だけ変化することになります。

この議論を一般化すると、c を任意の定数として、$f(x, y)$ と $\boldsymbol{\phi}_n$ を次のように定義することができます。

$$f(x, y) = w_0 c + w_1 x + w_2 y \tag{4.28}$$

$$\boldsymbol{\phi}_n = \begin{pmatrix} c \\ x_n \\ y_n \end{pmatrix} \tag{4.29}$$

この場合、(4.27) に従って $\mathbf{w}$ を更新すると、w_0 は $\pm c$ だけ変化します。そして、この c の値を適切に選ぶことで、アルゴリズムの収束速度を改善することができます。先ほどのサンプルコードでは、c の値として、トレーニングセットに含まれるすべての x_n と y_n の絶対値の平均を採用しています。

$$c = \frac{1}{2N} \sum_{n=1}^{N} (|x_n| + |y_n|) \tag{4.30}$$

これは、直感的には、次のように理解できます。たとえば、トレーニングセットに含まれるデータ (x_n, y_n) の値がとても大きく、平均的に 10,000 程度の値だったとします。この場合、(4.27) に従って $\mathbf{w}$ を更新すると、w_1 と w_2 の値は、10,000 程度の大きさで一気に増減します。一方、バイアス項が1だとすると、w_0 の値は ±1 でしか変化しません。つまり、w_0 の変化が、w_1、w_2 の変化に追いつけずに、なかなか正しい $\mathbf{w}$ に到達することができなくなります。そこで、バイアス項を (x_n, y_n) の平均的な値と同じ大きさにすることで、w_0 の変化の速度をあわせて、アルゴリズムの収束速度を改善しようというわけです。

ただし、バイアス項が1のままでも速く収束するという、特別な場合が1

つあります。それは、正しくデータを分類する直線が原点(あるいは、原点付近)を通る場合です。この場合、最終的なw_0の値は0(もしくは0に近い値)になりますので、w_0の初期値を0にしておけば、w_0の変化が遅くても問題になることはありません。パーセプトロンを解説した記事で、バイアス項が1のままのサンプルコードを紹介しているものを見かけることがあります。このような記事では、サンプルコードで分類した結果を見ると、必ず、原点付近を通る直線で分類されるトレーニングセットを利用していることに気が付くでしょう。

4.2.2 パーセプトロンの幾何学的解釈

ここからは、パーセプトロンのアルゴリズムを幾何学的に解釈することで、先ほどの議論をさらに違った角度からとらえてみます。

はじめに、少し特別な場合として、(x, y)平面の原点を通る直線でデータを分類する例を考えます。トレーニングセットとして与えられたデータは、原点を通る直線で完全に分類できると、最初からわかっているものとしてください。

この場合、直線を表す一次関数$f(x, y)$は、定数項w_0を省いて、次のように仮定することができます。

$$f(x, y) = w_1 x + w_2 y \tag{4.31}$$

この時、誤差関数Eは、バイアス項を用いずに表現することができます。

$$E = -\sum_n t_n \mathbf{w}^{\mathrm{T}} \boldsymbol{\phi}_n \tag{4.32}$$

$$\mathbf{w} = \begin{pmatrix} w_1 \\ w_2 \end{pmatrix} \tag{4.33}$$

$$\boldsymbol{\phi}_n = \begin{pmatrix} x_n \\ y_n \end{pmatrix} \tag{4.34}$$

これらの記号を用いると、確率的勾配降下法の手続きは、次のようになります。

$$\mathbf{w}_{\rm new} = \mathbf{w}_{\rm old} + t_n \boldsymbol{\phi}_n \tag{4.35}$$

見かけ上はこれまでと同じですが、$\mathbf{w}$ と $\boldsymbol{\phi}_n$ が2次元のベクトルになっている点が異なります。さらに、ベクトル記号を用いると、直線 $f(x, y) = 0$ は、次のように表現できます。

$$\mathbf{w}^{\rm T}\mathbf{x} = 0 \tag{4.36}$$

これは、原点から直線上の点 (x, y) に向かうベクトル $\mathbf{x} = (x, y)^{\rm T}$ と、ベクトル $\mathbf{w}$ が直交することを意味します。つまり、$\mathbf{w}$ は、直線 $f(x, y) = 0$ に直交する法線ベクトルになっています。より正確に言うと、$f(x, y)$ の値が増加する方向の法線ベクトルです。

そこで、**図4.8**のような状況を考えてみます。これは、$f(x, y) < 0$ の領域に $t_n = +1$ の点、すなわち、正しく分類できていない点 (x_n, y_n) が存在しています。(4.34) より、$\boldsymbol{\phi}_n$ は、原点から点 (x_n, y_n) に向かうベクトルになっています。この状況で、(4.35) に従って $\mathbf{w}$ を修正するというのは、**図4.8**にあるように、法線ベクトル $\mathbf{w}$ を $\boldsymbol{\phi}_n$ の方向に修正するということになります。その結果、これまで正しく分類できていなかった点が、正しく分類されるように直線が変化しています。

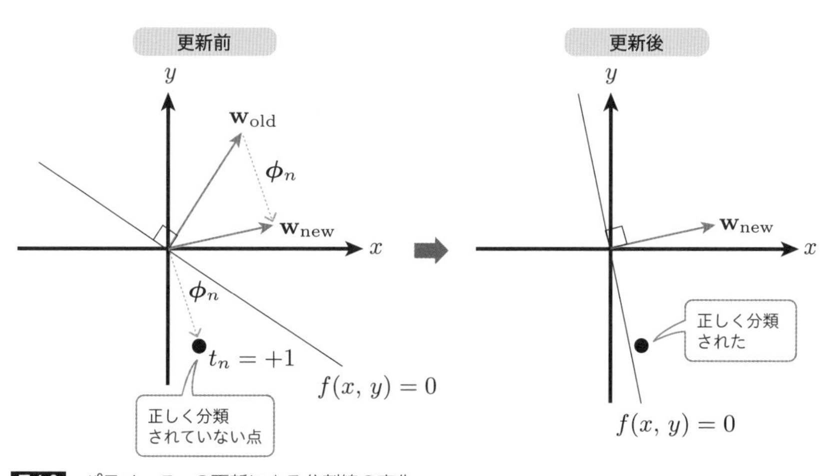

図4.8 パラメーターの更新による分割線の変化

このように、パーセプトロンのアルゴリズムは、平面を分割する直線の法線ベクトルを修正することで、直線の方向を修正していく操作になっていることがわかります。この手続きによって、1つひとつのデータを順番に正しく分類していこうというのが、パーセプトロンにおける確率的勾配降下法の操作にあたります。

ただし、**図4.8**の操作によって直線の方向が変化すると、その影響で、これまで正しく分類されていた点が、逆に正しく分類されなくなることもあります。そのような場合でも、直線で完全に分類できるデータの場合、いつかは、すべてが正しく分類される状態にたどり着くことが数学的に証明されています。これが、パーセプトロンのアルゴリズムのポイントです。ここでは、データを分類する直線が原点を通るという特別な場合で説明しましたが、この考え方は、データを分類する直線が原点を通らない場合にも適用することができます。これについては、次項であらためて説明します。

なお、「4.1.3 勾配ベクトルによるパラメーターの修正」では、誤算関数の勾配ベクトルが$\mathbf{0}$になるという条件(4.15)から、直接にパラメーター$\mathbf{w}$を計算することはできない点を指摘しました。その理由は、パーセプトロンで用いる誤差関数$E(\mathbf{w})$が、「正しく分類されていない点」についての和になっているからです。

$$E(\mathbf{w}) = -\sum_{n} t_n \mathbf{w}^{\mathrm{T}} \boldsymbol{\phi}_n \tag{4.37}$$

↑

「正しく分類されていない点」についての和

たとえば、最初は、$n = 1, 2, 3$の3つの点が正しく分類されていなかったとすると、この時点での誤差関数は、次で計算されます。

$$E(\mathbf{w}) = -\sum_{n=1}^{3} t_n \mathbf{w}^{\mathrm{T}} \boldsymbol{\phi}_n \tag{4.38}$$

これから計算される勾配ベクトル$\nabla E(\mathbf{w})$の逆方向にパラメーターを修正すれば、平面を分割する直線は、$n = 1, 2, 3$のデータを正しく分類しようとする方向に変化して、(4.38) の $E(\mathbf{w})$ の値は減少します。しかしながら、その結果、正しく分類されない点が新しく発生する可能性があります。仮に、正しく分類されていない点が $n=4,5,6$ に変化したとすると、修正後の誤差関数は次に変わります。

$$E(\mathbf{w}) = -\sum_{n=4}^{6} t_n \mathbf{w}^{\mathrm{T}} \boldsymbol{\phi}_n \tag{4.39}$$

(4.39) の誤差関数は、(4.38) とは別物ですので、(4.38) の値が減少したとしても、(4.39) の値が同じように減少するとは限りません。$n=4,5,6$ の点は、正しく分類されていた状態から、正しく分類されていない状態に変化したわけですから、(4.39) の値は、むしろ増加しているはずです。つまり、(4.37) の誤差関数 $E(\mathbf{w})$ は、その時点で正しく分類されていない点の情報だけを含んでおり、その勾配ベクトル $\nabla E(\mathbf{w})$ は、それらを正しく分類するための指標にはなりますが、すべての点を正しく分類するために必要な情報にはなりません。これが、(4.15) の条件だけでは、パラメーター $\mathbf{w}$ の値が決まらない理由になります。

このように、トレーニングセットに含まれるすべてのデータの情報を一度に見るのではなく、一部のデータに対する最適化を順番に繰り返すことで、最終的には、全体としても最適化された状態にたどり着くというのがパーセプトロンの考え方です。パーセプトロンのアルゴリズムが最初に考案されたのは1960年代で、当時はまだ、1台のコンピューターで一度に処理できるデータ量は非常に限られており、特にこのような手法が有効でした。その後、コンピューターの処理能力は急速に伸びていきましたが、それと同時に、処理するべきデータ量も爆発的に増加しました。その結果、ディープラーニングを含む現代的な機械学習においても、トレーニングセットのデータを分割して順番に処理していく、バッチトレーニングの手法が標準的に用いられています。

4.2.3 バイアス項の幾何学的な意味

前項では、データを分類する直線が原点を通る場合に話を限定して、パーセプトロンのアルゴリズムが図形的に解釈できることを説明しました。それでは、データを分類する直線が原点を通るとは限らない一般の場合でも、このような図形的な解釈はできるのでしょうか？　これは、先ほどの議論を3次元に拡張することでうまくいきます。

はじめに、3次元の(x, y, z)空間に散らばった、$t_n = \pm 1$の2種類のデータ群があり、これを「原点を通る平面」で分類するという問題を考えます。原点を通る平面は、一般に、次の関数$f(x, y, z)$を用いて、$f(x, y, z) = 0$と表現できます。

$$f(x, y, z) = w_0 z + w_1 x + w_2 y \tag{4.40}$$

さらに、誤差関数を次のように定義します。nについての和は、これまでと同様に、誤って分類された点についてのみ足し合わせます。

$$E = -\sum_n t_n \mathbf{w}^{\mathrm{T}} \boldsymbol{\phi}_n \tag{4.41}$$

$$\mathbf{w} = \begin{pmatrix} w_0 \\ w_1 \\ w_2 \end{pmatrix} \tag{4.42}$$

$$\boldsymbol{\phi}_n = \begin{pmatrix} z_n \\ x_n \\ y_n \end{pmatrix} \tag{4.43}$$

すると、これまでと同様の議論を行うことで、パラメーターを修正する手続きは、次のように決まります。

$$\mathbf{w}_{\mathrm{new}} = \mathbf{w}_{\mathrm{old}} + t_n \boldsymbol{\phi}_n \tag{4.44}$$

そして、原点を通る平面$f(x, y, z) = 0$は、次のように表されます。

$$\mathbf{w}^{\mathrm{T}}\mathbf{x} = 0 \tag{4.45}$$

これは、原点から平面上の点 (x, y, z) に向かうベクトル $\mathbf{x} = (x, y, z)^{\mathrm{T}}$ と、ベクトル $\mathbf{w}$ が直交することを意味しており、ベクトル $\mathbf{w}$ は、平面 $f(x, y, z) = 0$ に直交する法線ベクトルになります。したがって、(4.44) の手続きは、法線ベクトルの方向を修正することで、データを分類する平面の向きを修正していくものと図形的に理解できます。

さらにここで、この問題において、「トレーニングセットとして与えられたデータは、すべて、$z_n = c$ になっている」という特別な場合を考えます。**図4.9**のように、$z = c$ で定義される平面上にすべてのデータが乗っているような状況です。この時、(4.41) ～ (4.44) の手続きは、バイアス項を c とおいたパーセプトロンのアルゴリズムと同じものになります。

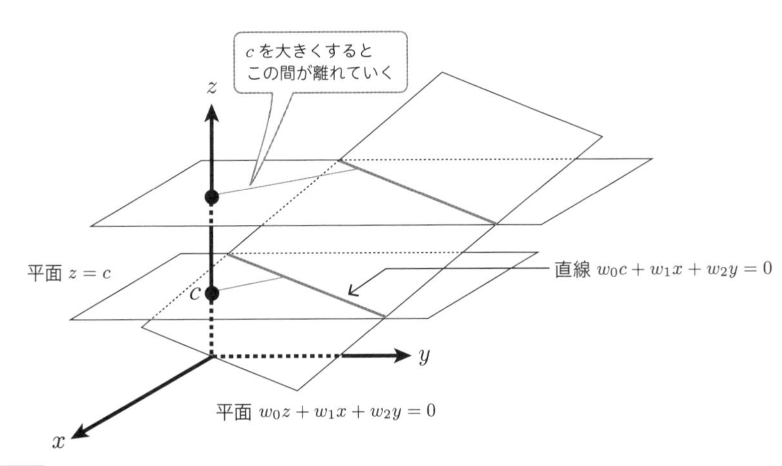

図4.9 平面 $z = c$ と平面 $w_0z + w_1x + w_2y = 0$ の交わる直線

また、バイアス項が c のパーセプトロンでは、データが散らばっている平面を分割する直線は、次式のようになっていました。

$$f(x, y) = w_0c + w_1x + w_2y = 0 \tag{4.46}$$

これは、データ群が乗っている平面 $z = c$ と、$f(x, y, z) = 0$ で決まる平面が交差してできる直線と考えることができます。このようにして、本章で説

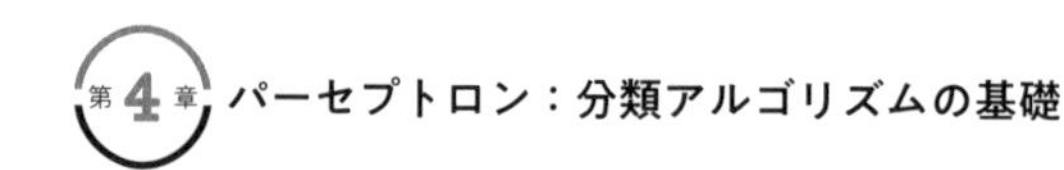

明したパーセプトロンのアルゴリズムは、「3次元空間のデータ群を原点を通る平面で分割する」という問題の特別な場合と解釈することができます。

この時、(x, y, z)空間を分割する平面は、必ず原点を通るという前提になりますが、平面$z = c$と交差する直線は、平面上の原点を通る必要がない点に注意してください。さらに、データ群を配置する平面$z = c$の位置によって、交差する場所が変わってきます。一般に、cの値が0から離れるほど、平面$z = c$と交差する直線は、平面上の原点から離れていきます。つまり、バイアス項を修正して、cの値を大きくとることによって、原点から離れた分割線が実現しやすくなります。「4.2.1 バイアス項の任意性とアルゴリズムの収束速度」で触れたように、データの座標値(x_n, y_n)と同程度の大きさにバイアス項を修正することで、アルゴリズムの収束速度が改善します。図形的に言うと、この修正により、データ群の中心部分を通る分割線が実現しやすくなるということになります。

コラム　データの正規化による収束速度の改善

本文では、バイアス項の値を修正して、アルゴリズムの収束速度を改善する方法を説明しましたが、その他には、「データの正規化」を用いるというテクニックもあります。本文でも触れたように、トレーニングセットのデータが原点付近に集まっていれば、これらを分類する直線は原点付近を通ることになるので、バイアス項を修正する必要はありません。そこで、トレーニングセットとして与えられたデータ$\{(x_n, y_n)\}_{n=1}^N$をあらかじめ次のように変換しておきます。

$$x'_n = \frac{x_n - \mu_x}{\sigma_x} \tag{4.47}$$

$$y'_n = \frac{y_n - \mu_y}{\sigma_y} \tag{4.48}$$

ここで、μ_xとμ_yは、x座標とy座標、それぞれの標本平均で、σ_x^2とσ_y^2は、x座標とy座標、それぞれの標本分散を表します（(4.47)と(4.48)の分母は、標本分散の平方根で計算される標準偏差になっています）。

$$\mu_x = \frac{1}{N}\sum_{n=1}^{N} x_n,\ \sigma_x^2 = \frac{1}{N}\sum_{n=1}^{N}(x_n - \mu_x)^2 \tag{4.49}$$

$$\mu_y = \frac{1}{N}\sum_{n=1}^{N} y_n,\ \sigma_y^2 = \frac{1}{N}\sum_{n=1}^{N}(y_n - \mu_y)^2 \tag{4.50}$$

(4.47) (4.48)の変換は、x方向とy方向のそれぞれについて、平行移動と拡大・縮小を行っており、変換後のデータ$\{(x'_n, y'_n)\}_{n=1}^N$は、x座標とy座標のどちらについても、平均と分散が0と1になります。つまり、全体として、原点を中心に、およそ半径1の円周の範囲に広がるデータになります。したがって、これらを分類する直線は原点付近を通るはずで、変換後のデータにパーセプトロンのアルゴリズムを適用すれば、バイアス項を修正する必要はありません。(4.47) (4.48)を用いてデータ全体を変換することを、「データの正規化」と呼びます。

なお、トレーニングセットのデータを正規化して、これらを分類する一次関数$f(x, y)$を決定した場合、新たなデータ(x, y)の属性tを予測する際は、このデータについても、事前に(4.47) (4.48)で変換する必要があります。この時、変換に使用する標本平均μ_x, μ_yと標本分散σ_x^2, σ_y^2は、トレーニングセットのデータから計算したもの、すなわち、トレーニングセットを変換する際に用いたものと同じ値を使用する点に注意してください。

ロジスティック回帰とROC曲線：分類アルゴリズムの評価方法

第5章 ロジスティック回帰とROC曲線：分類アルゴリズムの評価方法

本章では、ロジスティック回帰について解説します。使用する問題は、前章と同じ「1.3.2 線形判別による新規データの分類」の[例題2]です。

ロジスティック回帰は、前章のパーセプトロンと同じ分類アルゴリズムの1つですが、確率を用いた最尤（さいゆう）推定法でパラメーターを決定する点が異なります。確率を利用する利点として、未知のデータの属性を推定する際に、「このデータは$t=1$である」という単純な推定ではなく、「$t=1$である確率は70%」というように、確率的な推定ができるようになります。

また、ここではさらに、「ROC曲線」を用いて、機械学習のアルゴリズムを評価する方法を解説します。[例題2]の[解説]で用いた「ウィルス感染の判定」の例のように、現実の問題に適用する際に役立つ知識になります。

5.1 分類問題への最尤推定法の応用

「第3章 最尤推定法：確率を用いた推定理論」で説明したように、最尤推定法では、「あるデータが得られる確率」を設定しておき、そこから逆にトレーニングセットとして与えられるデータが得られる確率（尤度（ゆうど）関数）を計算します。そして、尤度関数が最大になるという条件から、最初に設定した確率を表す数式に含まれるパラメーターを決定します。

ここでは、[例題2]について、この手続きを適用することで、新たなデータがどちらに分類されるかを確率を使って推定するモデルを作ります。なお、[例題2]では、2種類のデータの属性を$t=\pm1$で表していましたが、ここでは、計算上の都合により、$t=0,1$で表します。○のデータが$t=1$で、×のデータが$t=0$に対応します。

5.1.1 データの発生確率の設定

まずは、パーセプトロンと同様に、2種類のデータを分類する直線を表す一次関数 $f(x, y)$ を次式で定義します。

$$f(x, y) = w_0 + w_1 x + w_2 y \tag{5.1}$$

図5.1のように、$f(x, y) = 0$ で分割線が決まり、分割線に直交する方向に移動すると、$-\infty < f(x, y) < \infty$ の範囲で $f(x, y)$ の値が変化していきます。

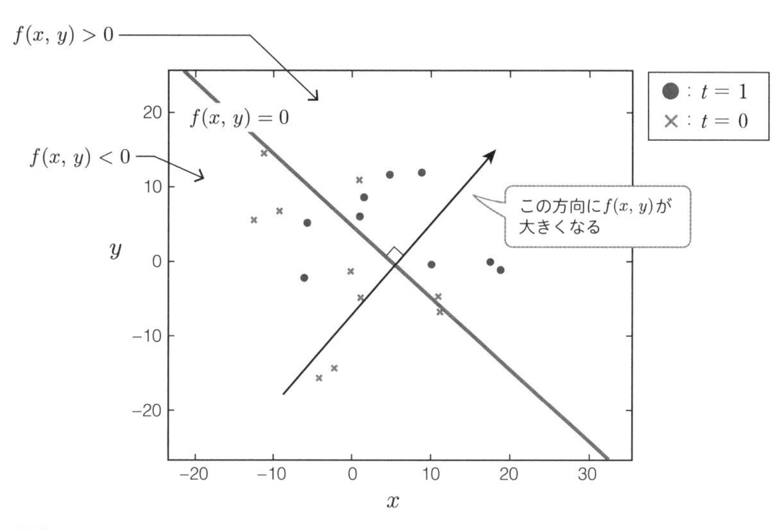

図5.1 関数 $f(x, y)$ による平面の分割

次に、(x, y) 平面上の任意の点において、そこで得られたデータの属性が $t = 1$ である確率を考えます。**図5.1**において、分割線から右上の方向に離れるほど、$t = 1$ である確率は高くなると考えられます。逆に、左下の方向に離れるほど、確率は低くなります。また、分割線上では、$t = 1$ である確率と $t = 0$ である確率は同じですので、$t = 1$ である確率はちょうど1/2になります。データの属性値は、$t = 1$ か $t = 0$ のどちらかしかありませんので、$t = 1$ である確率を P とすると、$t = 0$ である確率は $1 - P$ になることに注意してください。

さらに、**図5.1**の吹き出しのコメントからわかるように、分割線からどの程度離れているかを$f(x, y)$の値で判断することができます。そこで、**図5.2**のように、$f(x, y)$の値に対して、与えられたデータが$t=1$である確率を対応させます。**図5.2**の下のグラフにあるように、$f(x, y)$の値が$-\infty$から∞まで大きくなるに従って、対応する確率は0から1に向かってなめらかに変化していきます。

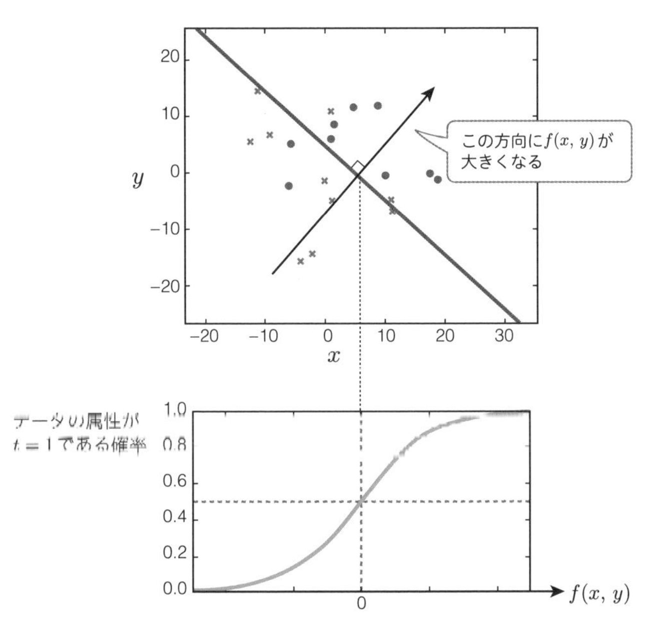

図5.2 $f(x, y)$の値による確率の設定

このように、0から1になめらかに変化するグラフは、数学的には、次のロジスティック関数で表されます（**図5.3**）。

$$\sigma(a) = \frac{1}{1+e^{-a}} \tag{5.2}$$

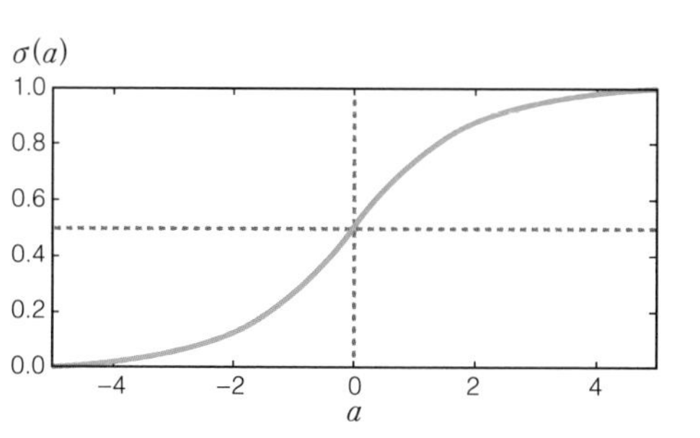

図5.3 ロジスティック関数のグラフ

1
2
3
4
5
6
7
8

この式において、a の値を $-\infty$ から ∞ まで変化させると、$\sigma(a)$ の値は、0から1に向かってなめらかに変化していきます。また、$a=0$ では、ちょうど1/2になります。この関数の引数 a として、$f(x, y)$ の値を代入すると、まさに、**図5.2**に示した対応関係が得られます。

以上の考察をまとめると、点 (x, y) で得られたデータの属性が $t=1$ である確率は、次式で表されます。

$$P(x, y) = \sigma(w_0 + w_1 x + w_2 y) \tag{5.3}$$

反対に、属性が $t=0$ である確率は $1-P(x, y)$ になります。それでは、この確率を元にして、トレーニングセットとして与えられたデータ $\{(x_n, y_n, t_n)\}_{n=1}^N$ が得られる確率を考えてみましょう。

まず、特定の1つのデータ (x_n, y_n, t_n) を考えると、そのようなデータが得られる確率 P_n は、$t_n=1$ の場合と $t_n=0$ の場合で、次のように場合分けされます。

$$t_n = 1 \text{ の場合 } : P_n = P(x_n, y_n) \tag{5.4}$$

$$t_n = 0 \text{ の場合 } : P_n = 1 - P(x_n, y_n) \tag{5.5}$$

数学的な技巧を用いると、これらは、次のようにまとめて書くことができます。

$$P_n = P(x_n, y_n)^{t_n}\{1 - P(x_n, y_n)\}^{1-t_n} \tag{5.6}$$

これは、任意の x について、$x^0 = 1$、$x^1 = x$ が成り立つことを利用しています。(5.6) に $t_n = 1$、もしくは、$t_n = 0$ を代入すると、それぞれ、(5.4)、および、(5.5) に一致することがわかります。(5.6) に (5.3) を代入すると、次が得られます。

$$P_n = z_n^{t_n}(1 - z_n)^{1-t_n} \tag{5.7}$$

ここで、z_n は次式で定義したもので、「n 番目のデータの属性が $t = 1$ である確率」を表します。

$$z_n = \sigma(w_0 + w_1 x_n + w_2 y_n) = \sigma(\mathbf{w}^{\mathrm{T}} \boldsymbol{\phi}_n) \tag{5.8}$$

$\mathbf{w}$ と $\boldsymbol{\phi}_n$ は、パーセプトロンの計算で用いた、(4.12) (4.13) と同じものになります。$\mathbf{w}$ は、一次関数 $f(x, y)$ の定数項 w_0 と係数 w_1、w_2 を並べたベクトルで、$\boldsymbol{\phi}_n$ は、トレーニングセットの n 番目のデータにバイアス項を付け加えたベクトルです。

$$\mathbf{w} = \begin{pmatrix} w_0 \\ w_1 \\ w_2 \end{pmatrix} \tag{5.9}$$

$$\boldsymbol{\phi}_n = \begin{pmatrix} 1 \\ x_n \\ y_n \end{pmatrix} \tag{5.10}$$

最後に、トレーニングセットに含まれるすべてのデータを考えると、これら全体が得られる確率 P は、それぞれのデータが得られる確率 (5.7) の積で計算されます。

$$P = \prod_{n=1}^{N} P_n = \prod_{n=1}^{N} z_n^{t_n}(1 - z_n)^{1-t_n} \tag{5.11}$$

確率 P は、(5.8) を通して、$\mathbf{w}$ の関数になっています。このように、トレーニングセットが得られる確率 P をパラメーター $\mathbf{w}$ の関数として見たものが尤度関数でした。最尤推定法は、尤度関数が最大になるようにパラメーター $\mathbf{w}$ を決定するという手法でしたので、これで、一次関数 $f(x, y)$ を決定する方法が決まりました。

5.1.2 最尤推定法によるパラメーターの決定

次のステップは、(5.11) で決まる確率P、すなわち、尤度関数を最大にするパラメーター$\mathbf{w}$を求めることになります。「第3章 最尤推定法：確率を用いた推定理論」で用いた (3.8) の尤度関数Pの場合は、パラメーターによる偏微分係数が0になるという条件から、直接にパラメーターの値を決定することができました。しかしながら、(5.11) の場合は、数式が複雑なため、$\mathbf{w}$を直接に求めることはできません。この問題については、パーセプトロンと同様に、確率Pの値が大きくなる方向に$\mathbf{w}$を修正する手順を繰り返すアルゴリズムを適用します。

パーセプトロンの「確率的勾配降下法」では、単純に勾配ベクトルの反対方向にパラメーターを修正するという素朴な手法を用いました。一方、この問題では、もう少し精緻な議論が可能です。1変数の方程式の数値計算に用いられる「ニュートン法」を多次元に拡張した、「ニュートン・ラフソン法」を適用することで、次の手続きが得られます。

$$\mathbf{w}_{\text{new}} = \mathbf{w}_{\text{old}} - (\mathbf{\Phi}^{\mathrm{T}}\mathbf{R}\mathbf{\Phi})^{-1}\mathbf{\Phi}^{\mathrm{T}}(\mathbf{z} - \mathbf{t}) \tag{5.12}$$

ここで、$\mathbf{t}$は、トレーニングセットの各データの属性値t_nを並べたベクトルで、$\mathbf{\Phi}$は、各データの座標を表すベクトル$\boldsymbol{\phi}_n$を横ベクトルにして並べた$N \times 3$行列です。さらに、$\mathbf{z}$は、(5.8) のz_nを並べたベクトルで、最後に$\mathbf{R}$は、$z_n(1 - z_n)$を対角成分とする対角行列になります。

$$\mathbf{t} = \begin{pmatrix} t_1 \\ \vdots \\ t_N \end{pmatrix} \tag{5.13}$$

$$\mathbf{\Phi} = \begin{pmatrix} 1 & x_1 & y_1 \\ 1 & x_2 & y_2 \\ \vdots & \vdots & \vdots \\ 1 & x_N & y_N \end{pmatrix} \tag{5.14}$$

$$\mathbf{z} = \begin{pmatrix} z_1 \\ \vdots \\ z_N \end{pmatrix} \tag{5.15}$$

$$\mathbf{R} = \mathrm{diag}\left[z_1(1-z_1), \cdots, z_N(1-z_N)\right] \tag{5.16}$$

ここで、$\mathbf{t}$と$\mathbf{\Phi}$は、トレーニングセットのデータから決まる「定数」のベクトル／行列です。一方、$\mathbf{z}$と$\mathbf{R}$に含まれるz_nは、(5.8)を通してパラメーター$\mathbf{w}$に依存しています。

つまり、パラメーター$\mathbf{w}_{\mathrm{old}}$が与えられた際に、これを用いて$\mathbf{z}$と$\mathbf{R}$を計算しておき、さらにそれを(5.12)に代入することで、修正された新しいパラメーター$\mathbf{w}_{\mathrm{new}}$が決まります。この$\mathbf{w}_{\mathrm{new}}$を$\mathbf{w}_{\mathrm{old}}$として、さらに新しい$\mathbf{w}_{\mathrm{new}}$を計算するという手続きを繰り返します。これを繰り返すと、(5.11)のPの値が大きくなっていき、最終的に最大値に達することが証明できます。具体的な導出については、「5.3 付録 ― IRLS法の導出」に記載していますので、興味のある方は参考にしてください。なお、ここで得られた手続きは、日本語では「反復再重み付け最小二乗法」と呼ばれます。本書では英語で、「IRLS (Iteratively Reweighted Least Squares) 法」と記載しています。

また、この後の導出（ニュートン法との類似性）からわかるように、(5.12)の計算を繰り返すと、Pの値が最大値に近づくにつれて、パラメーター$\mathbf{w}$の変化の割合は小さくなっていきます。この後のサンプルコードでは、次式が成立した時点で、計算を打ち切るようにしています。

$$\frac{\|\mathbf{w}_{\mathrm{new}} - \mathbf{w}_{\mathrm{old}}\|^2}{\|\mathbf{w}_{\mathrm{old}}\|^2} < 0.001 \tag{5.17}$$

これは、**図5.4**のように、$\mathbf{w}$をベクトルとみなした際の変化を考えて、「変化分のベクトルの大きさの2乗」が「修正前のベクトルの大きさの2乗」の0.1%未満になるという条件を表します。

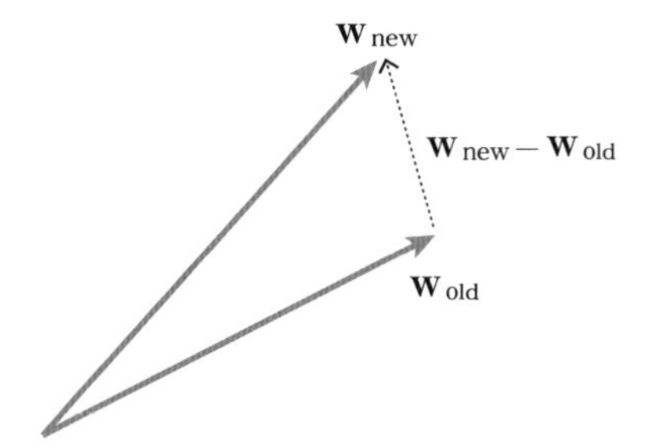

図5.4 ベクトルとしてのパラメーターの変化

コラム　勾配降下法とIRLS法の違い

「4.1.3 勾配ベクトルによるパラメーターの修正」の(4.19)では、勾配降下法によるパラメーターの修正を次のように表現しました。

$$\mathbf{x}_{\text{new}} = \mathbf{x}_{\text{old}} - \nabla h \tag{5.18}$$

これは、「勾配ベクトルの反対方向にパラメーターを修正する」という意味ですが、厳密には、反対方向にどの程度修正するのかという点で任意性があります。一般には、ϵ（イプシロン）を正の定数（通常は、$0 < \epsilon < 1$の範囲）として、次のようにパラメーターを修正します。この定数ϵを学習率と呼びます。

$$\mathbf{x}_{\text{new}} = \mathbf{x}_{\text{old}} - \epsilon \nabla h \tag{5.19}$$

仮に、尤度関数Pを最大化するという本章の問題に勾配降下法を適用するならば、次のようになります。まず、対数尤度関数$\log P$の符号を変えたものを誤差関数$E(\mathbf{w})$と定義します[a]。

$$E(\mathbf{w}) = -\log P \tag{5.20}$$

対数関数は単調増加なので、尤度関数Pを最大化することと、誤差関数$E(\mathbf{w})$を最小化することは同値になります。勾配ベクトル$\nabla E(\mathbf{w})$は誤差関数$E(\mathbf{w})$が増加する方向を表すので、次の手続きでパラメーター$\mathbf{w}$の修正を繰り返せば、$E(\mathbf{w})$の値は徐々に減少していきます。

$$\mathbf{w}_{\text{new}} = \mathbf{w}_{\text{old}} - \epsilon \nabla E(\mathbf{w}_{\text{old}}) \tag{5.21}$$

この時、ϵの値が大きすぎると、P.125の**図4.5**（「$-\nabla h$方向の移動を繰り返す様子」）に示したように、最小値となる場所を飛び越えてしまうため、最小値に到達するまでの繰り返しが長くなります。場合によっては、むしろ、最小値となる場所から遠ざかってしまうこともあります。一方、ϵの値が小さすぎても、1回あたりの移動量が少ないために、やはり、最小値に到達するまでの繰り返しが長くなります。パーセプトロンの場合は$\epsilon = 1$とした修正でうまくいきましたが、一般には、できるだけスムーズに最小値に到達するように、学習率ϵの値を調整する必要があります。

a　対数尤度関数を用いるのは、勾配ベクトルを求める偏微分の計算を簡単にすることと、Pの値が極端に小さくなることで発生する数値計算の誤差を抑えるためです。

そして、本文で用いたIRLS法は、(5.21)の手続きをさらに精緻化したものと見ることができます。「5.3 付録 — IRLS法の導出」の(5.52)を見ると、次のような数式があります。

$$\mathbf{w}_1 = \mathbf{w}_0 - \mathbf{H}^{-1}(\mathbf{w}_0)\nabla E(\mathbf{w}_0) \tag{5.22}$$

これは、(5.21)のϵを$\mathbf{H}^{-1}(\mathbf{w}_0)$に置き換えた形をしています。$\mathbf{H}^{-1}(\mathbf{w})$は、$E(\mathbf{w})$の2階の偏微分係数からなるヘッセ行列$\mathbf{H}(\mathbf{w})$の逆行列です。つまり、誤差関数の傾き、すなわち、1階の偏微分係数に加えて、2階の偏微分係数の情報を用いることで、$E(\mathbf{w})$の最小値に至る方向と距離をより高い精度で検出しています。(5.11)の尤度関数Pを用いて(5.22)を具体的に計算すると、本文に示した(5.12)の手続きが得られるというわけです。

5.1.3 サンプルコードによる確認

ノートブック「05-logistic_vs_perceptron.ipynb」を用いて、ロジスティック回帰の計算を行ってみます。このノートブックでは、トレーニングセットとして使用するデータをランダムに生成して、これを分類する直線をIRLS法で決定します。また、比較のために、同じデータをパーセプトロンのアルゴリズムでも計算して、それぞれで得られた分割線をグラフに表示します。

はじめに、ノートブックのセルを上から順に、[05LP-01]から[05LP-07]まで実行します。[05LP-06]と[05LP-07]を実行したところで、**図5.5**のようなグラフが表示されます。**図5.5**の左は、[05LP-06]で表示されるもので、2種類のデータ群が離れて配置されており、分類が容易な場合にあたります。実線がロジスティック回帰による結果で、破線がパーセプトロンの結果、そして、「ERR」は正しく分類できなかったデータの割合です。この例を見ると、ロジスティック回帰の優位性がわかります。ロジスティック回帰とパーセプトロンのどちらもすべてのデータを正しく分類していますが、ロジスティック回帰は、2種類のデータ群のほぼ中央部分に分割線があります。一方、パーセプトロンでは、少し偏った位置に分割線があります。

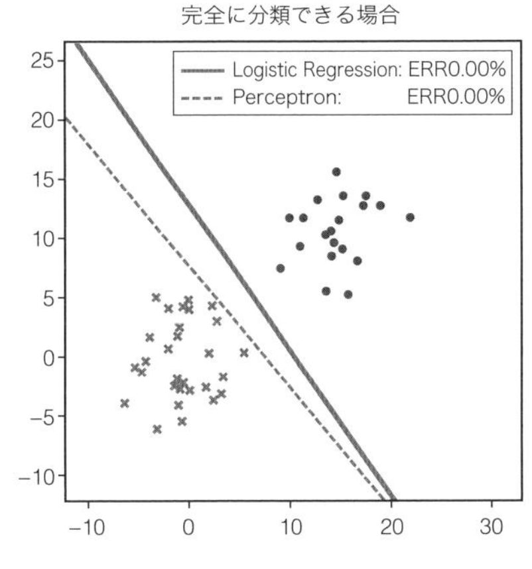

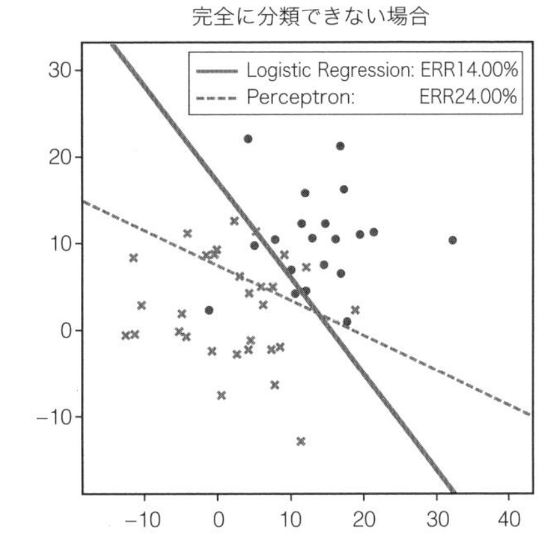

図5.5 ロジスティック回帰とパーセプトロンの比較

これは、パーセプトロンの確率的勾配降下法では、一度、すべてのデータが正しく分類されると、そこでパラメーターの変化が停止するためです。一方、ロジスティック回帰の場合は、トレーニングセットのデータが得られる全体的な確率を最大化しようとするため、正しく分類する直線の中でも、より全体のバランスがとれたものが選択されます。**図5.5**の右は、[05LP-07]で表示されるもので、2種類のデータ群が近くに混在して、分類が困難な場合にあたります。この例でも、ロジスティック回帰の方が、2種類のデータ群をよりバランスよく分割していることがわかります。

なお、このノートブックを実行すると、ごくまれに、「LinAlgError : Singular matrix」というエラーが発生することがあります。これは、ロジスティック関数の性質に関連して、数値計算の計算精度が不足するために起こります。**図5.3**からわかるように、ロジスティック関数$\sigma(a)$は、aの値が大きくなると、その値が急速に1近づきます。もしくは、aの値が小さくなると、急速に0に近づきます。そのため、(5.8) で計算されるz_nの値が、1、もしくは、0に非常に近くなることがあります。この時、数値計算の精度不足により、少数点以下が丸められて、$z_n = 1$、もしくは、$z_n = 0$と計算されると、(5.16) の対角行列$\mathbf{R}$に含まれる$z_n(1 - z_n)$の値が0になります。つまり、行列$\mathbf{R}$の行列式が0になるので、(5.12) の計算式に含まれる逆行列

$(\mathbf{\Phi}^{\mathrm{T}}\mathbf{R}\mathbf{\Phi})^{-1}$が存在しなくなり、このようなエラーが発生します。

実は、すべてのデータを正しく分類できる場合、IRLS法の計算を繰り返し続けると、データの属性が$t=1$である確率z_nは、**図5.6**のような状態になり、必ずこのエラーが発生します。なぜなら、**図5.6**の状態では、$t_n=1$のすべてのデータについてz_nがほぼ1で、$t_n=0$のすべてのデータについてz_nがほぼ0になります。これにより、トレーニングセットのデータが得られる確率(5.11)に対して、理論上の最大値である1を達成することができるからです。

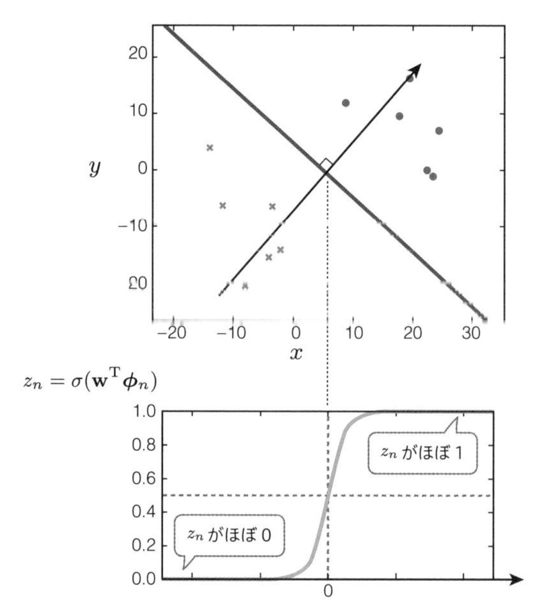

図5.6 ロジスティック回帰におけるオーバーフィッティング

これは、トレーニングセットに特化して確率が最適化されており、一種のオーバーフィッティングが発生している状態と考えることができます。この問題を避けるために、サンプルコードでは、(5.17)の条件で計算を打ち切るようにしています。

5.2 ROC曲線による分類アルゴリズムの評価

ロジスティック回帰では、平面上の各点(x, y)において、「そこで得られるデータが$t = 1$である確率」を考えることによって、分割線を決定しました。最終的に$f(x, y) = 0$で与えられる分割線は、この確率がちょうど1/2になる点に対応します。

しかしながら、ロジスティック回帰で得られた結果を現実の問題に適用する場合、確率1/2を境界線にすることが必ずしも適切とは限りません。ここでは、ROC曲線を用いて、どのような確率を境界にするのがよいかを判断する方法を解説します。さらにまた、ROC曲線は、機械学習に使用したアルゴリズム(学習モデル)そのものの良し悪しを判断することにも利用できます。

5.2.1 ロジスティック回帰の現実問題への応用

「1.3.2 線形判別による新規データの分類」の[例題2]において、[解説]で用いた「現実の問題」を振り返ります。そこでは、トレーニングセットのデータについて、(x_n, y_n)はウィルス感染の一次検査の数値で、t_nは実際に感染していたかを表すものと考えました。

このデータを用いてロジスティック回帰を行うと、**図5.7**のように、2種類のデータを分割する直線が得られます。これは、新たな検査結果が得られた際に、その人がウィルスに感染している確率が50%と推定される直線になります。ロジスティック回帰の場合は、さらに、(5.3)によって、平面上のすべての点における確率が計算されます。したがって、**図5.7**にあるように、確率が20%の直線や、80%の直線なども考えることができます。

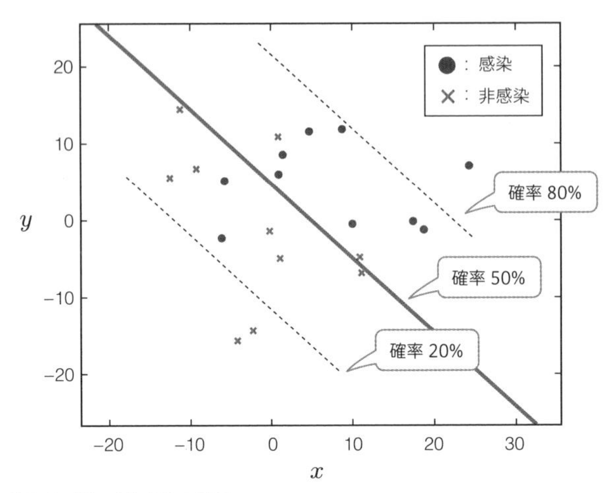

図5.7 検査結果と感染／非感染の関係

そして、解説の中では、「新たに一次検査を受けた人で、検査結果が直線よりも右上の人には、精密検査の受診を勧告する」と説明しました。今の場合、これは、「感染確率が50%以上と推定された人には、精密検査を勧告する」という意味になります。

しかしながら、これは、本当に正しい判定方法でしょうか？　仮に、深刻な病気のウィルスだとすれば、確率50%ではなくて、もっと確率が低い場合、たとえば、確率20%以上の人に精密検査を勧めた方がよいかもしれません。とはいえ、判断基準となる確率をあまりにも低くしすぎると、ほとんどすべての人に精密検査を勧めることになり、一次検査の意味がなくなります。このような場合、適切な判断基準を見いだすには、「真陽性率」と「偽陽性率」について考える必要があります。これらを説明するために、はじめに、いくつかの用語を定義しておきます。

まず、一般の分類問題において、発見したい属性を持つデータを「陽性(Positive)」、そうでないデータを「陰性(Negative)」と呼びます。先ほどの例では、$t=1$の属性を持つデータ、すなわち、ウィルスに感染した人を発見することが目的ですので、$t=1$のデータが「陽性」となります。これまで、「$t=1$である確率」と言っていたものは、「陽性である確率」と言い換えることができます。

そして今、ロジスティック回帰で計算される確率に基づいて、新たなデータが陽性であるかどうかを判定しようとしているわけですが、この判定は必ずしも正解するとは限りません。陽性だと判断したデータについて、本当に陽性だったものを「真陽性（TP：True Positive）」、本当は陰性だったものを「偽陽性（FP:False Positive）」と呼びます。**図5.7**の場合、判定基準に選んだ直線の右上にあるデータで、○のものが真陽性、×のものが偽陽性になります。

そしてさらに、実際に陽性であるデータの中で、真陽性となるデータの割合を「真陽性率」、実際には陰性であるデータの中で、偽陽性となるデータの割合を「偽陽性率」と呼びます。これは、**図5.8**のように図示することができます*28。ウィルスに感染している人々の中で、それを正しく発見できた割合が「真陽性率」で、ウィルスに感染していない人々の中で、誤って感染していると判断された割合が「偽陽性率」です。**図5.8**には、「偽陰性（FN：False Negative）」と「真陰性（TN：True Negative）」も記載していますが、これらの意味は自（おの）ずと理解できるでしょう。

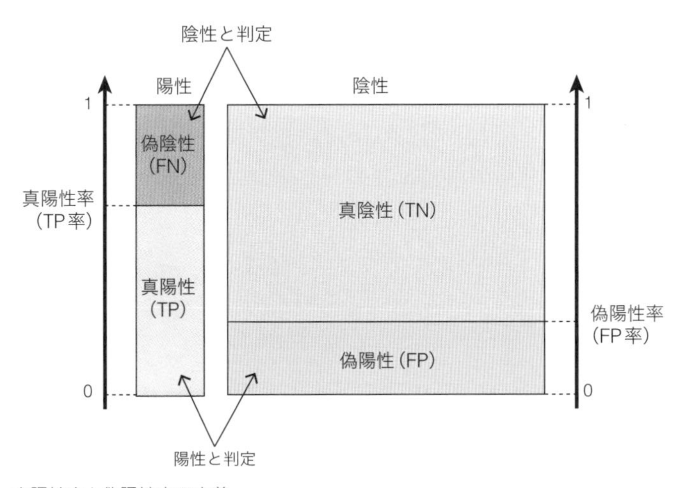

図5.8 真陽性率と偽陽性率の定義

*28 現実の問題では、多くの場合、陽性のデータは陰性のデータよりも数が少ないと考えられます。図5.8は、この点を強調して描いてあります。

この時、「真陽性率」と「偽陽性率」は、判定のしきい値に関して、トレードオフの関係になります。医師の立場としては、真陽性率はできるだけ高くして、なるべく多くの感染者を救いたいと考えるでしょう。そのためには、判定のしきい値はなるべく下げたくなります。その一方で、偽陽性率はできるだけ低くして、誤って感染していると宣告して不快な思いをさせる人を減らしたいとも考えます。そのためには、判定のしきい値を上げる必要があります。このように、現実の分類問題では、真陽性率と偽陽性率のトレードオフを考えながら、適切な判定ラインを設定する必要があります。

この次に説明するROC曲線は、このような真陽性率と偽陽性率の関係を分析するための道具となります。

5.2.2 ROC曲線による性能評価

先に触れた、真陽性率と偽陽性率の「判定のしきい値に関するトレードオフ」を理解するために、次のような作業を行ってみます。まず、**図5.7**のトレーニングセットに対してロジスティック回帰を適用して、パラメーター(w_0, w_1, w_2)の値を具体的に決定します。これを(5.3)に代入すると、座標(x, y)のデータが属性$t = 1$を持つ確率の計算式$P(x, y)$が決まります。この計算式を用いて、トレーニングセットのそれぞれのデータ(x_n, y_n)について確率$P(x_n, y_n)$を計算した上で、確率の大きい順にデータを並べ替えます。

図5.7を描くのに用いた実際のトレーニングセットでこの作業を行うと、**表5.1**の結果が得られます。このトレーニングセットは、陽性（$t = 1$）と陰性（$t = 0$）がそれぞれ10個ずつあります。**表5.1**の「No.」は、確率の高い方からの順位を表します。この結果を見ながら、判断基準の設定によって、真陽性率と偽陽性率がどのように変化するかを考えます。

No.	x	y	t	P
1	24.43	6.95	1	0.98
2	8.84	11.92	1	0.91
3	18.69	-1.17	1	0.86
4	17.37	-0.07	1	0.86
5	4.77	11.66	1	0.85
6	0.83	10.74	0	0.73
7	1.57	8.51	1	0.69
8	10.07	-0.53	1	0.66
9	0.99	6.04	1	0.58
10	10.73	-4.88	0	0.53
11	11.16	-6.77	0	0.47
12	-11.21	14.64	0	0.46
13	-5.67	5.05	1	0.31
14	-0.06	-1.47	0	0.28
15	-9.25	6.74	0	0.26
16	1.05	-4.86	0	0.21
17	-12.35	5.61	0	0.16
18	-6.12	-2.41	1	0.12
19	-2.17	-14.40	0	0.04
20	-4.06	-15.70	0	0.02

表5.1 トレーニングセットを確率順に並べたデータ

たとえば、極端な例として、「陽性」と判定する基準を$P>1$と設定します。この場合、確率Pが1を超えるようなデータは存在しませんので、**表5.1**のすべてのデータは「陰性」と判定されます。正しく陽性と判断できたデータはありませんので、真陽性率は0になります。一方、陰性のデータを誤って陽性と判断することもありませんので、偽陽性率も0になります。

続いて、No.1とNo.2のデータの間に判定基準を置いてみます。たとえば、「陽性」と判断する基準を$P>0.95$と設定します。この場合、No.1のデータは正しく陽性と判定されます。実際に陽性のデータは全部で10個ありますので、真陽性率は1/10です。一方、偽陽性率は0のままです。この次は、No.2とNo.3のデータの間に判定基準を置きます。「陽性」と判断する基準を$P>0.90$と設定したと考えてください。この場合、真陽性率は2/10で、偽陽性率は0のままです。

このようにして、判定基準の場所を1段ずつ下げながら、それぞれの場合の真陽性率と偽陽性率を計算していきます。今の場合、全部で21個の「真陽性率と偽陽性率の組」が得られることになります。この時、容易に想像できるように、判定基準を下げるに従って、真陽性率は徐々に増加していき、それと同時に偽陽性率も徐々に増加していくでしょう。

これらの変化を目で見るために、縦軸に「真陽性率」、横軸に「偽陽性率」をとったグラフを用意して、それぞれの「真陽性率と偽陽性率の組」をプロットすると、**図5.9**のようなグラフが完成します。これを見ると、判定基準の変更とともに、真陽性率と偽陽性率がどのように変化するかがひと目でわかります。

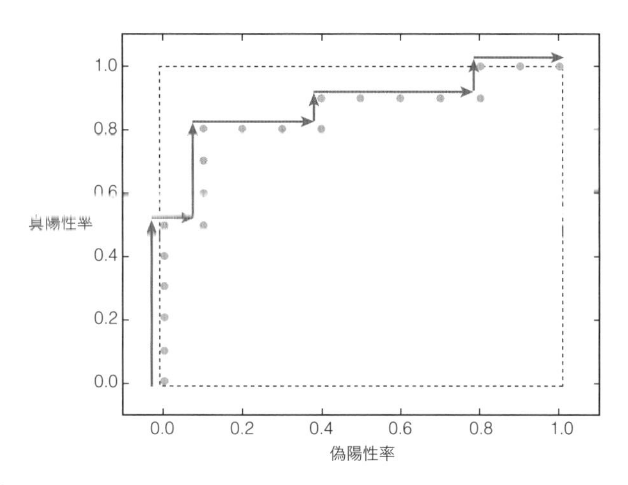

図5.9 判定基準の変更で真陽性率と偽陽性率が変化する様子

この後は、実際の問題に応じて、**図5.9**に示された候補の中から、どの点を判定基準として選択するかを考察します。たとえば、許容される偽陽性率の範囲内で、真陽性率のなるべく高い点を選択して、その点の確率Pを判定基準にするなどの方法が考えられます。

第1章で強調したように、機械学習で得られる結果と現実のビジネスに役立つ判断指標は、まったくの別物です。機械学習で得られた結果の「意味」を理解しなければ、現実の問題に適用して有益な結果を得るのは難しいことが、この例からも理解できると思います。

5.2.3 サンプルコードによる確認

図5.9のように、真陽性率と偽陽性率の関係を示したグラフを一般に「ROC(Receiver Operating Characteristic)曲線」と呼びます。**図5.9**の例では、トレーニングセットに含まれるデータがそれほど多くないため、階段状のグラフになっていますが、データ数が増えると、よりなめらかな曲線に近づいていきます。

ここでは、ノートブック「05-roc_curve.ipynb」を用いて、多数のデータを含むトレーニングセットでROC曲線を描いてみます。ノートブックのセルを上から順に、`[05RC-01]`から`[05RC-07]`まで実行すると、`[05RC-06]`を実行したところで**図5.10**のようなグラフ、`[05RC-07]`を実行したところで**図5.11**のようなグラフが表示されます。

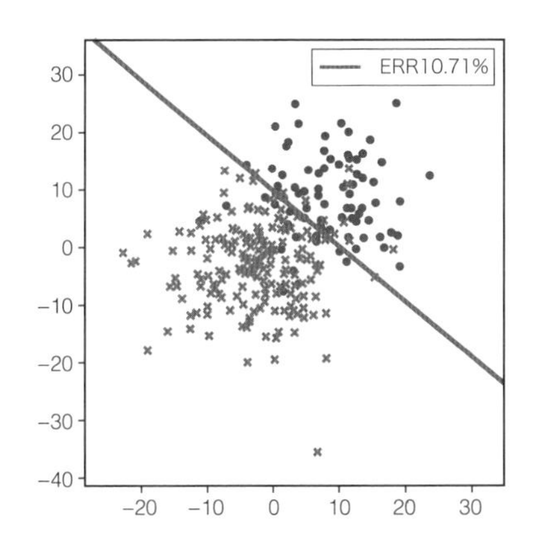

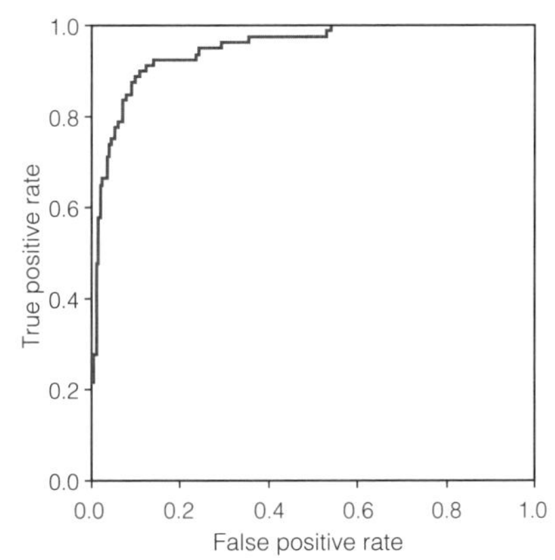

図5.10 ROC曲線の例(分類の精度が高い場合)

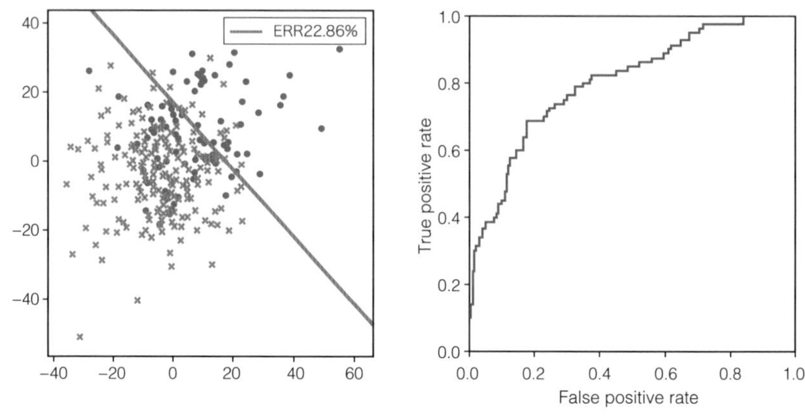

図5.11 ROC曲線の例（分類の精度が低い場合）

どちらも、トレーニングセットのデータをランダムに生成して、ロジスティック回帰で分類した結果と、対応するROC曲線を表示しています。**図5.10**と**図5.11**では、トレーニングセットに含まれるデータの混在度が異なっており、分類の精度が相対的に高い場合と低い場合が比較できるようになっています。この例では、正しく分類されなかったデータの割合（グラフに示された「ERR」の値）が、それぞれ、10.71%と22.86%になっています。

この時、それぞれのROC曲線を比較すると、分類の精度が高い例の方が、ROC曲線が左上に向かって張り出していることがわかります。これは、ROC曲線を描く箱の左上の角が「理想の判定法」に対応しているためです。この部分は、「真陽性率＝1（すべての陽性のデータを正しく陽性と判別する）」、かつ、「偽陽性率＝0（陰性のデータを誤って陽性と判別しない）」ということですので、まさに理想の判定法と言えます。現実には、このような判定基準を得ることは困難ですが、一般に、なるべく左上の角の近くを通るROC曲線の方が有用性が高いと言えます。

このように、複数の分類結果がある場合、それぞれのROC曲線を比較することで、分類結果の良し悪しが判断できます。ここでは、異なるトレーニングセットに対してロジスティック回帰を適用していますが、たとえば、同一のトレーニングセットに対して、複数の分類アルゴリズムを適用する場合を考えてみます。それぞれのアルゴリズムから得られる分類結果について、

ROC曲線を描いて比較することで、どのアルゴリズムが優れているかを判断することができます。ROC曲線で囲まれた右下の部分の面積(AUC：Area Under the Curve)を計算して、これが大きいほど優秀なアルゴリズムとするなどの比較基準が用いられます。

なお、ROC曲線を描く箱の左上の角は理想の判定法に対応すると説明しましたが、その他にも、特別な判定法に対応する部分があります(**図5.12**)。たとえば、左下の角は、あらゆるデータを無条件に陰性と判定する場合に対応します。すべてを陰性と判定するので、偽陽性は発生しませんが、その代わりに陽性のデータを発見することもできません。逆に、右上の角は、あらゆるデータを無条件に陽性と判定する場合に対応します。この場合、すべての陽性のデータを正しく判定できるので、真陽性率は1になります。ただし、あらゆる陰性のデータも陽性と判定するので、偽陽性率も1になります。これらは、トレーニングセットから何も学習していない「無知」な判定法と言えるでしょう。

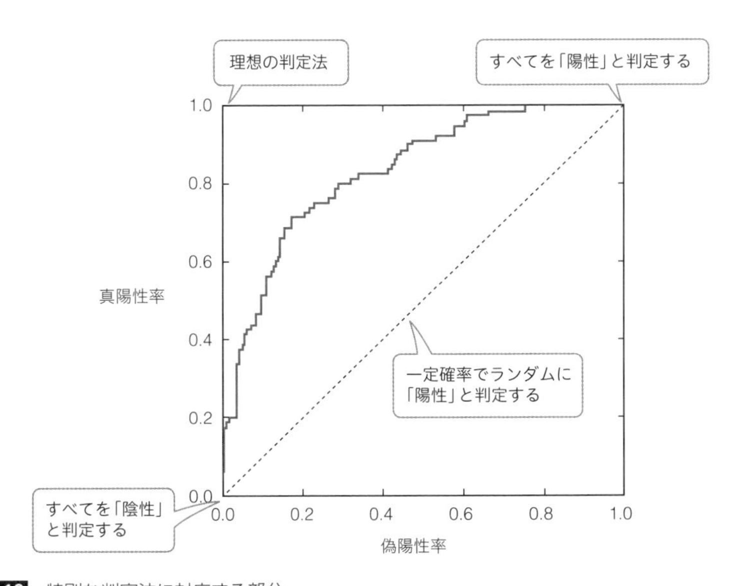

図5.12 特別な判定法に対応する部分

このほかにも、「無知」な判定法があります。たとえば、新しいデータが与えられた際に、サイコロを降って1/2の確率で「陽性」と判定するものとします。この場合、真陽性率と偽陽性率は、どちらも0.5になります。一般に、ROC曲線を描く箱の中で、左下の角と右上の角を結ぶ直線上の点は、このような判定法に対応します。一定の確率pでランダムに「陽性」と判定する場合、真陽性率と偽陽性率は、どちらもpになります。

なぜこのようになるかは、以前の**図5.8**を見ると理解できます。すべてのデータに対して、一定の確率pで陽性と判定するということは、陽性のデータと陰性のデータ、それぞれに対して確率pで陽性と判定することになります。結果として、真陽性率と偽陽性率は、どちらもpになるというわけです。

つまり、少しでも「学習」をしているアルゴリズムのROC曲線は、必ず、**図5.12**の破線よりも左上に現れます。仮に、破線よりも右下を通るアルゴリズムがあった場合は、「無知」なアルゴリズムよりもさらに悪い結果で、意図的に誤った判断をするアルゴリズムということになります。

これらの議論からは、真陽性率と偽陽性率のどちらかだけを見ていても、アルゴリズムの良し悪しはわからないということが理解できます。宝くじの予想で、すべての番号を当たりと予想しておけば、真陽性率が1の予想が可能になりますが、まったく意味のない予想であることは明らかです。「すべての当選番号を的中！」などの宣伝文句にだまされてはいけません。

5.2.4　その他の性能指標

前項では、陽性と判断する確率のしきい値を設定する際は、真陽性率と偽陽性率のトレードオフに注意を払う必要があることを説明しました。真陽性率には、「発見するべき陽性データの何％を正しく発見できるか」という意味があり、「再現率（Recall）」とも呼ばれます。実際の値が必要な際は、**図5.8**より、次の計算式で求めることができます。#TPと#FNは、それぞれ、真陽性（TP）のデータ数と偽陰性（FN）のデータ数を表します。

$$\text{再現率（Recall）} = \frac{\#\mathrm{TP}}{\#\mathrm{FN} + \#\mathrm{TP}} \tag{5.23}$$

このほかには、「陽性と判定したデータの何％が本当に陽性だったか」という割合を「適合率（Precision）」と呼びます。こちらは、同様の記号を用いて、次の計算式で表されます。

$$
\text{適合率（Precision）} = \frac{\#\mathrm{TP}}{\#\mathrm{TP} + \#\mathrm{FP}} \tag{5.24}
$$

再現率と適合率は、どちらも値が大きい方が望ましいことになりますが、これらもトレードオフの関係にあります。再現率を上げるために判定のしきい値を下げると、偽陽性の数（#FP）が増えるので、適合率は逆に下がります。ROC曲線の代わりに、横軸に再現率、縦軸に適合率をとったグラフ（Precision-Recall Curve/PR曲線）を描くと、一般には、**図5.13**のような右下がりのカーブになります[*29]。こちらは、より右上に張り出したグラフの方が、より性能が高い判定法になります。

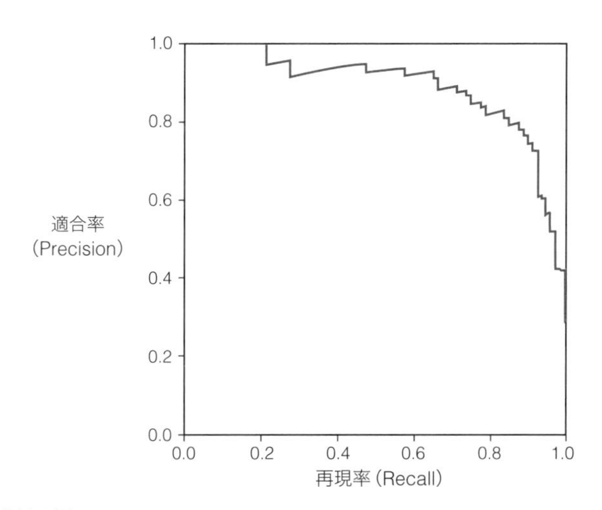

図5.13 PR曲線の例

ちなみに、偽陽性率についても同様の計算式を示すと、次になります。

$$
\text{偽陽性率} = \frac{\#\mathrm{FP}}{\#\mathrm{TN} + \#\mathrm{FP}} \tag{5.25}
$$

＊29 ROC曲線とは異なり、単調に変化するわけではありません。

(5.25)の右辺の分母は、陰性データの総数になっています。そのため、陽性のデータに比べて陰性のデータが極端に多い偏ったトレーニングセットでは、偽陽性率の値が極端に小さくなり、真陽性率とのトレードオフの関係が見づらくなることがあります。このような場合は、ROC曲線ではなく、PR曲線を用いて、再現率と適合率のトレードオフを調べることもあります。

コラム　ソフトマックス関数による線形多項分類器への拡張

本文では、データ(x, y)がウィルスに感染している／していないを判別するという想定で、分類問題を解説しました。このように、2種類のデータを直線（一次関数）で分類するアルゴリズムを「線形二項分類器」と呼びます。それでは、3種類以上のデータを分類するには、どのような方法があるのでしょうか？　たとえば、「A」「B」「C」の3種類のラベルを持つデータがある場合、それぞれのラベルに対する線形二項分類器を構成するという方法があります。具体的には、次のように、3種類の一次関数を用意します。

$$f_{\rm A}(x, y) = w_0^{\rm A} + w_1^{\rm A}x + w_2^{\rm A}y \tag{5.26}$$

$$f_{\rm B}(x, y) = w_0^{\rm B} + w_1^{\rm B}x + w_2^{\rm B}y \tag{5.27}$$

$$f_{\rm C}(x, y) = w_0^{\rm C} + w_1^{\rm C}x + w_2^{\rm C}y \tag{5.28}$$

そして、$f_{\rm A}(x, y)$、$f_{\rm B}(x, y)$、$f_{\rm C}(x, y)$のそれぞれをデータ(x, y)が「Aである確率$P_{\rm A}$」「Bである確率$P_{\rm B}$」「Cである確率$P_{\rm C}$」に対応させます。線形二項分類器の場合は、$f(x, y)$の値をロジスティック関数$\sigma(a)$に代入することでうまく確率に変換できましたが、今の場合は、もう少し考察が必要です。

まず、1つのデータが同時に複数のラベルを持つ可能性がある場合は、それぞれを個別にロジスティック関数に代入して確率に変換しても構いません。このような分類問題を「マルチラベル分類」と呼びます。一方、1つのデータは、必ず、どれか1つのラベルだけを持つという場合もあります。ジャンケンの「手」を予測するような場合を想像するとよいでしょう。このような分類を「マルチクラス分類」と呼びますが、この場合、データ(x, y)は、必ず、「A」「B」「C」のどれか1つに属するので、それぞれの確率の和は1になるという条件が付きます。

$$P_{\rm A}(x, y) + P_{\rm B}(x, y) + P_{\rm C}(x, y) = 1 \tag{5.29}$$

このような条件を満たす確率への変換式に、次のソフトマックス関数があります。

$$P_{\rm Z}(x, y) = \frac{e^{f_{\rm Z}(x, y)}}{e^{f_{\rm A}(x, y)} + e^{f_{\rm B}(x, y)} + e^{f_{\rm C}(x, y)}} \quad ({\rm Z} = {\rm A}, {\rm B}, {\rm C}) \tag{5.30}$$

これは、一次関数 $f_{\mathrm{Z}}(x,\,y)$ $(\mathrm{Z}=\mathrm{A},\mathrm{B},\mathrm{C})$ の大小関係を $0\le P_{\mathrm{Z}}(x,\,y)\le 1$ を満たす確率の大小関係に変換しつつ、(5.29) を満たすというまい特性があります。これで、与えられたトレーニングセットに対して、それぞれのデータの確率が個別に計算できます。n 番目のデータ $(x_n,\,y_n)$ の正解ラベルを Z_n として、これが得られる確率は $P_{\mathrm{Z}_n}(x_n,\,y_n)$ となります。

この後は、これらの積として得られる全確率 P が最大になるという条件で、(5.26)〜(5.28) に含まれるパラメーター $(w_0^{\mathrm{Z}},\,w_1^{\mathrm{Z}},\,w_2^{\mathrm{Z}})$ $(\mathrm{Z}=\mathrm{A},\mathrm{B},\mathrm{C})$ の値を決定します。この問題については、ほとんどの場合、勾配降下法による計算が行われます。具体的な手順については、参考文献 [5] が参考になります。

5.3 付録 — IRLS法の導出

ここでは、ニュートン・ラフソン法を用いて、トレーニングセットのデータ $\{(x_n,\,y_n,\,t_n)\}_{n=1}^{N}$ が得られる確率 P を最大にするパラメーター $\mathbf{w}$ を決定するアルゴリズム (IRLS法) を導出します。

数学徒の小部屋

議論の流れを明確にするために、各種の記号をあらためて定義しておきます。まず、ロジスティック関数は次式で与えられます。**図5.3**のように、$0\sim 1$ になめらかに変化する関数です。

$$\sigma(a)=\frac{1}{1+e^{-a}} \tag{5.31}$$

定義に基づいて計算すると、ロジスティック関数の微分係数 $\sigma'(a)$ は、次のように表されます。

$$\sigma'(a)=\sigma(a)\{1-\sigma(a)\} \tag{5.32}$$

ロジスティック関数を用いて、点 $(x,\,y)$ から得られたデータの属性が $t=1$ である確率を次のように定義します。

$$P(x,\,y)=\sigma(w_0+w_1x+w_2y) \tag{5.33}$$

この式に含まれるパラメーター $(w_0,\,w_1,\,w_2)$ を決定することが目的です。また、属性が $t=0$ である確率は $1-P(x,\,y)$ になります。

この確率を元にして、トレーニングセットとして与えられたデータ$\{(x_n, y_n, t_n)\}_{n=1}^N$が得られる確率を計算します。1つのデータ$(x_n, y_n, t_n)$について考えると、このデータが得られる確率は、$t_n = 1$の場合と$t_n = 0$の場合をまとめて、次のように表されます。

$$\begin{aligned} P_n &= P(x_n, y_n)^{t_n}\{1 - P(x_n, y_n)\}^{1-t_n} \\ &= z_n^{t_n}(1 - z_n)^{1-t_n} \end{aligned} \tag{5.34}$$

ここで、z_nは次のように定義されます。

$$z_n = \sigma(\mathbf{w}^{\mathrm{T}}\boldsymbol{\phi}_n) \tag{5.35}$$

$\mathbf{w}$は、パラメーターを並べたベクトルで、$\boldsymbol{\phi}_n$は、トレーニングセットにおけるn番目のデータの座標にバイアス項を付け加えたベクトルです。

$$\mathbf{w} = \begin{pmatrix} w_0 \\ w_1 \\ w_2 \end{pmatrix} \tag{5.36}$$

$$\boldsymbol{\phi}_n = \begin{pmatrix} 1 \\ x_n \\ y_n \end{pmatrix} \tag{5.37}$$

トレーニングセットのデータ全体が得られる確率Pは、各データが得られる確率の積になります。

$$P = \prod_{n=1}^N P_n = \prod_{n=1}^N z_n^{t_n}(1 - z_n)^{1-t_n} \tag{5.38}$$

Pをパラメーター$\mathbf{w}$の関数とみなしたものが尤度関数になります。これを最大化する$\mathbf{w}$を求めるわけですが、計算を簡単にするために、次で定義される誤差関数$E(\mathbf{w})$を最小化する$\mathbf{w}$を求めます。

$$\begin{aligned} E(\mathbf{w}) &= -\log P \\ &= -\sum_{n=1}^N \{t_n \log z_n + (1 - t_n)\log(1 - z_n)\} \end{aligned} \tag{5.39}$$

対数関数は単調増加なので、尤度関数Pを最大化することと、誤差関数$E(\mathbf{w})$を最小化することは同値になります。$E(\mathbf{w})$を最小にする$\mathbf{w}$は、$E(\mathbf{w})$の勾配ベクトルが$\mathbf{0}$になるという条件から決定されます。

$$\nabla E(\mathbf{w}) = \mathbf{0} \tag{5.40}$$

ここで、ニュートン・ラフソン法を利用して、$\mathbf{w}$を繰り返し修正することで、(5.40)を満たす$\mathbf{w}$を計算するアルゴリズムを導出します。ニュートン・ラフソン法は、ニュートン法の拡張になるので、まずは、ニュートン法を簡単に復習しておきます。

ニュートン法は、1変数関数 $f(x)$ について、$f(x)=0$ を満たす x を計算する手法です。**図5.14**のように、$x=x_0$ における $y=f(x)$ の接線を考えると、接線の方程式は、次式で与えられます。

$$y = f'(x_0)(x-x_0)+f(x_0) \tag{5.41}$$

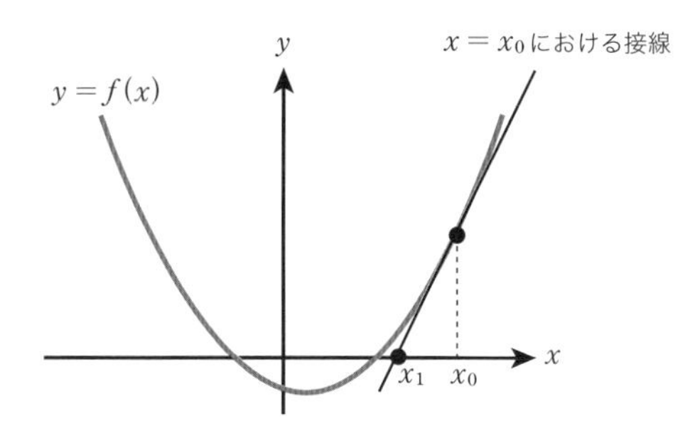

図5.14 ニュートン法の手続き

ここで、$f(x)$ の代わりに、(5.41) が0になる点を $x=x_1$ とします。

$$f'(x_0)(x_1-x_0)+f(x_0)=0 \tag{5.42}$$

これより、x_1 が次のように決まります。

$$x_1 = x_0 - \frac{f(x_0)}{f'(x_0)} \tag{5.43}$$

適当な x_0 から出発して、(5.43) で x_1 を求めた後、この x_1 を x_0 として、再度、(5.43) を適用します。これを繰り返すことで、x_0 の値は、$f(x)=0$ を満たす x へと近づいていきます。このニュートン法における、x_0 から x_1 を求める手続きは、非線形変換 $x \to f(x)$ を x_0 の近傍での線形変換 (5.41) で近似して、そちらが0になる点を x_1 として求めていると考えられます。

この考え方を多変数の非線形変換に拡張したものが、ニュートン・ラフソン法です。今の場合は、(5.40) の解を求めるわけですので、

$$\mathbf{f}(\mathbf{w}) = \nabla E(\mathbf{w}) \tag{5.44}$$

と置いて、ベクトルからベクトルへの非線形変換 $\mathbf{w} \to \mathbf{f}(\mathbf{w})$ を考えます。この非線形変換を $\mathbf{w}_0$ の近傍での線形変換で近似すると、次になります。

$$\mathbf{y} = \{\nabla \mathbf{f}(\mathbf{w}_0)\}^{\mathrm{T}}(\mathbf{w}-\mathbf{w}_0)+\mathbf{f}(\mathbf{w}_0) \tag{5.45}$$

(5.44) と (5.45) を成分表示すると、それぞれ次のようになります。

$$f_m(\mathbf{w}) = \frac{\partial E(\mathbf{w})}{\partial w_m} \quad (m=0,1,2) \tag{5.46}$$

$$y_m = \sum_{m'=0}^{2} \frac{\partial f_m(\mathbf{w}_0)}{\partial w_{m'}}(w_{m'} - w_{0m'}) + f_m(\mathbf{w}_0) \quad (m = 0, 1, 2) \tag{5.47}$$

(5.46) を (5.47) に代入すると、次のようになります。

$$y_m = \sum_{m'=0}^{2} \frac{\partial^2 E(\mathbf{w}_0)}{\partial w_{m'} \partial w_m}(w_{m'} - w_{0m'}) + \frac{\partial E(\mathbf{w}_0)}{\partial w_m} \tag{5.48}$$

上式の第1項には、「2.3 付録 ― ヘッセ行列の性質」で説明したヘッセ行列が含まれています。ヘッセ行列$\mathbf{H}$は、次の2階偏微分係数を成分とする対称行列です。

$$H_{mm'} = \frac{\partial^2 E}{\partial w_m \partial w_{m'}} \tag{5.49}$$

したがって、(5.48) は、ヘッセ行列を用いて、再度、行列形式に書き直すことができます。

$$\mathbf{y} = \mathbf{H}(\mathbf{w}_0)(\mathbf{w} - \mathbf{w}_0) + \nabla E(\mathbf{w}_0) \tag{5.50}$$

ここで、ニュートン法にならって、上記の線形変換による近似が0になる点を$\mathbf{w}_1$とします。

$$\mathbf{H}(\mathbf{w}_0)(\mathbf{w}_1 - \mathbf{w}_0) + \nabla E(\mathbf{w}_0) = \mathbf{0} \tag{5.51}$$

これより、$\mathbf{w}_1$は次のように決まります。

$$\mathbf{w}_1 = \mathbf{w}_0 - \mathbf{H}^{-1}(\mathbf{w}_0)\nabla E(\mathbf{w}_0) \tag{5.52}$$

これは、「ニュートン・ラフソン変換」と呼ばれる変換式です。任意の$\mathbf{w}_0$から出発して、上記で得られた$\mathbf{w}_1$を新たに$\mathbf{w}_0$にするという更新を繰り返すと、ニュートン法と同様に、(5.40) の解に収束していきます。

(5.52) は、誤差関数$E(\mathbf{w})$の関数形に依存しない一般的な関係ですが、ここで、(5.39) で与えられる$E(\mathbf{w})$について、勾配ベクトル$\nabla E(\mathbf{w})$とヘッセ行列$\mathbf{H}$を具体的に計算してみます。

(5.39) の誤差関数$E(\mathbf{w})$は、z_nを通して$\mathbf{w}$に依存していますので、準備としてz_nの偏微分係数を計算しておきます。z_nの定義 (5.35)、および、ロジスティック関数の微分に関する公式 (5.32) を用いて計算すると、次の関係が得られます。$[\boldsymbol{\phi}_n]_m$は、ベクトル$\boldsymbol{\phi}_n$の第m成分を表します。

$$\frac{\partial z_n}{\partial w_m} = \sigma'(\mathbf{w}^{\mathrm{T}}\boldsymbol{\phi}_n)\frac{\partial(\mathbf{w}^{\mathrm{T}}\boldsymbol{\phi}_n)}{\partial w_m} = z_n(1 - z_n)[\boldsymbol{\phi}_n]_m \tag{5.53}$$

それでは、(5.39) と (5.53) に基づいて、$\nabla E(\mathbf{w})$を成分計算します。

$$\frac{\partial E(\mathbf{w})}{\partial w_m} = -\sum_{n=1}^{N}\left(\frac{t_n}{z_n} - \frac{1-t_n}{1-z_n}\right)\frac{\partial z_n}{\partial w_m}$$
$$= -\sum_{n=1}^{N}\{t_n(1-z_n) - (1-t_n)z_n\}[\boldsymbol{\phi}_n]_m$$
$$= \sum_{n=1}^{N}(z_n - t_n)[\boldsymbol{\phi}_n]_m \tag{5.54}$$

ここで、$[\boldsymbol{\phi}_n]_m$を(n, m)成分とする行列を$\mathbf{\Phi}$とすると、(5.54)は、次のように行列形式で書くことができます。

$$\nabla E(\mathbf{w}) = \mathbf{\Phi}^{\mathrm{T}}(\mathbf{z} - \mathbf{t}) \tag{5.55}$$

この$\mathbf{\Phi}$は、先に(5.14)で定義した$\mathbf{\Phi}$と同じものです。

$$\mathbf{\Phi} = \begin{pmatrix} 1 & x_1 & y_1 \\ 1 & x_2 & y_2 \\ \vdots & \vdots & \vdots \\ 1 & x_N & y_N \end{pmatrix} \tag{5.56}$$

また、$\mathbf{t}$と$\mathbf{z}$は、先に(5.13)と(5.15)で定義したものと同じです。

$$\mathbf{t} = \begin{pmatrix} t_1 \\ \vdots \\ t_N \end{pmatrix}, \quad \mathbf{z} = \begin{pmatrix} z_1 \\ \vdots \\ z_N \end{pmatrix} \tag{5.57}$$

続いて、(5.54)をさらに偏微分することで、ヘッセ行列の成分を計算します。

$$H_{mm'} = \frac{\partial^2 E}{\partial w_m \partial w_{m'}}$$
$$= \frac{\partial}{\partial w_m}\sum_{n=1}^{N}(z_n - t_n)[\boldsymbol{\phi}_n]_{m'} = \sum_{n=1}^{N}\frac{\partial z_n}{\partial w_m}[\boldsymbol{\phi}_n]_{m'}$$
$$= \sum_{n=1}^{N} z_n(1-z_n)[\boldsymbol{\phi}_n]_m[\boldsymbol{\phi}_n]_{m'} \tag{5.58}$$

最後の変形では、(5.53)を使用しました。(5.58)の最後の表式は、$z_n(1-z_n)$を対角成分とする対角行列$\mathbf{R}$をはさんだ、行列の積として表現できます。つまり、ヘッセ行列$\mathbf{H}$は、次のように表されます。

$$\mathbf{H} = \mathbf{\Phi}^{\mathrm{T}}\mathbf{R}\mathbf{\Phi} \tag{5.59}$$

$$\mathbf{R} = \mathrm{diag}\left[z_1(1-z_1), \cdots, z_N(1-z_N)\right] \tag{5.60}$$

この書き換えは、クロネッカーのデルタを用いて(5.58)を変形するとわかります。クロネッカーのデルタ$\delta_{nn'}$は、次のように$n=n'$の時だけ1になる記号です。

$$\delta_{nn'} = \begin{cases} 1 & (n = n') \\ 0 & (n \neq n') \end{cases} \tag{5.61}$$

これを用いて、(5.58)を次のように書き換えると、$R_{nn'} = z_n(1-z_n)\delta_{nn'}$が対角行列$\mathbf{R}$の成分に対応することがわかります。

$$\begin{aligned}(5.58) &= \sum_{n=1}^{N}\sum_{n'=1}^{N} z_n(1-z_n)\delta_{nn'}[\boldsymbol{\phi}_n]_m[\boldsymbol{\phi}_{n'}]_{m'} \\ &= \sum_{n=1}^{N}\sum_{n'=1}^{N} [\boldsymbol{\phi}_n]_m R_{nn'}[\boldsymbol{\phi}_{n'}]_{m'}\end{aligned} \tag{5.62}$$

(5.55)と(5.59)を(5.52)に代入すると、最終的に次の関係式が得られます。

$$\mathbf{w}_1 = \mathbf{w}_0 - (\mathbf{\Phi}^{\mathrm{T}}\mathbf{R}\mathbf{\Phi})^{-1}\mathbf{\Phi}^{\mathrm{T}}(\mathbf{z}-\mathbf{t}) \tag{5.63}$$

これが、(5.12)で説明した、IRLS法によるパラメーター修正のアルゴリズムにほかなりません。

最後に、(5.59)を用いると、ヘッセ行列$\mathbf{H}$は正定値であることがわかります。なぜなら、任意の$\mathbf{u} \neq \mathbf{0}$に対して次が成り立つからです。

$$\mathbf{u}^{\mathrm{T}}\mathbf{H}\mathbf{u} = (\mathbf{\Phi}\mathbf{u})^{\mathrm{T}}\mathbf{R}(\mathbf{\Phi}\mathbf{u}) > 0 \tag{5.64}$$

ここでは、(5.35)より、z_nは、$0 < z_n < 1$を満たすことを用いています。これより、$z_n(1-z_n) > 0$であり、$\mathbf{R}$は正定値になります。さらに、(5.56)より$\mathbf{\Phi}\mathbf{u} \neq \mathbf{0}$であることから、$(\mathbf{\Phi}\mathbf{u})^{\mathrm{T}}\mathbf{R}(\mathbf{\Phi}\mathbf{u}) > 0$が成り立ちます*30。「2.3 付録 — ヘッセ行列の性質」で示したように、ヘッセ行列が正定値であることから、(5.52)で逆行列$\mathbf{H}^{-1}$をとることができて、さらに、誤差関数$E(\mathbf{w})$は下に凸であることが保証されます。つまり、(5.40)を満たす$\mathbf{w}$は1つだけ存在して、誤差関数の最小値を与えます。

なお、「5.1.3 サンプルコードによる確認」の**図5.6**では、数値計算の丸め誤差で、$z_n = 1$、もしくは、$z_n = 0$になるとエラーが発生することを説明しました。これは、今の議論では、(5.64)が成り立たず、逆行列$\mathbf{H}^{-1}$が存在しなくなることに対応します。

＊30 厳密には$\mathbf{\Phi}\mathbf{u} \neq \mathbf{0}$を保証するには、$\mathbf{\Phi}$の各列を構成するベクトルが一次独立という条件も必要ですが、トレーニングセットのデータが一直線に並ぶなどの特異な場合を除いて、これは成り立ちます。

k平均法：教師なし学習モデルの基礎

第6章 k平均法：教師なし学習モデルの基礎

本章では、教師なし学習によるクラスタリングの基礎となる、k平均法を解説します。類似のデータをグループ化するシンプルなアルゴリズムですが、分析の対象とするデータの選択によって、さまざまな応用が考えられる手法です。ここでは、画像ファイルの「色」のデータをグループ化する例題を取り上げます。このほかには、「文章」のデータをグループ化することで、ドキュメントをカテゴリー分けするなども考えられます。たとえば、ニュース記事のまとめサイトで、類似のニュースを自動的にグループ化することができるでしょう。

また、参考として、k近傍法のアルゴリズムについても解説します。これはクラスタリングではなく、分類アルゴリズムに属するものですが、この後の説明からわかるように、k平均法と同様に、データ間の「距離」に基づいた計算を行います。これまでのアルゴリズムとは異なる、「怠惰学習」という面白い側面を持ったアルゴリズムです。

6.1 k平均法によるクラスタリングと応用例

ここでは、k平均法のアルゴリズムを説明した後、具体的な応用例として、「1.3.3 画像ファイルの減色処理（代表色の抽出）」で紹介した［例題3］に取り組みます。また、k平均法のアルゴリズムは単純でわかりやすいのですが、「なぜそれでうまくいくのか」という点については、数学的な説明が必要です。この点についても補足で解説を行います。

6.1.1 教師なし学習モデルとしてのクラスタリング

k平均法は、「教師なし学習」と呼ばれる手法です。一方、これまでに解説したアルゴリズムは、すべて、「教師あり学習」になります。ここで、「教師あり学習」と「教師なし学習」の違いを整理しておきます。

まず、これまでに解説したアルゴリズムでは、トレーニングセットとして与えられるデータは、変数t_nで表される値を持っていました。これは、「2.1.1 トレーニングセットの特徴量と正解ラベル」で説明したように、「目的変数」、あるいは、「正解ラベル」と呼ばれるもので、新たなデータに対して推定を行う対象となるものです。言い換えると、すでに答えがわかっているデータを分析することで、未知のデータに対する答えを推測するルールを導き出すという考え方です。

一方、「教師なし学習」の場合は、分析対象のデータには、正解ラベルは含まれていません。k平均法、あるいは、次章で解説するEMアルゴリズムによるクラスタリングでは、与えられたデータを明示的に分類する指標のない状態で、データ間の類似性を発見していく必要があります。

そして、そのためには、何らかの方法で、グループ分けの良し悪しを判断する基準を事前に設定する必要があります。本章で解説するk平均法では、「二乗歪み」と呼ばれる値を定義しておき、これをなるべく小さくするグループ分けの方法を見つけ出します。最小二乗法やパーセプトロンでは、「誤差」が小さくなるようにパラメーターを決定しましたが、これに類似の考え方です。また、次章で解説する「EMアルゴリズム」では、特定のグループが得られる確率を定義して、その確率を最大化するようにグループ分けを行います。こちらは、最尤(さいゆう)推定法と同じ考え方になります。

これまで、回帰分析や分類問題など、目的の異なるアルゴリズムを説明してきましたが、その根底には、共通する考え方や指針があることが見えてきたのではないでしょうか？　機械学習のアルゴリズムを理解して使いこなすには、このような根本の考え方を知る必要があります。

6.1.2 k平均法によるクラスタリング

それでは、k平均法のアルゴリズム、すなわち、「グループ分けを行う手続き」を具体例で説明します。「なぜそれでうまくいくのか」という点については、「6.1.5 k平均法の数学的根拠」であらためて解説します。

今、**図6.1 (a)** のように、トレーニングセットとして、(x, y)平面上の多数の点$\{(x_n, y_n)\}_{n=1}^N$が与えられたとします。前述のように、トレーニングセットのデータには、正解ラベルt_nは含まれていません。しかしながら、直感的には、これらのデータは2つのグループに分類されるような気がします。

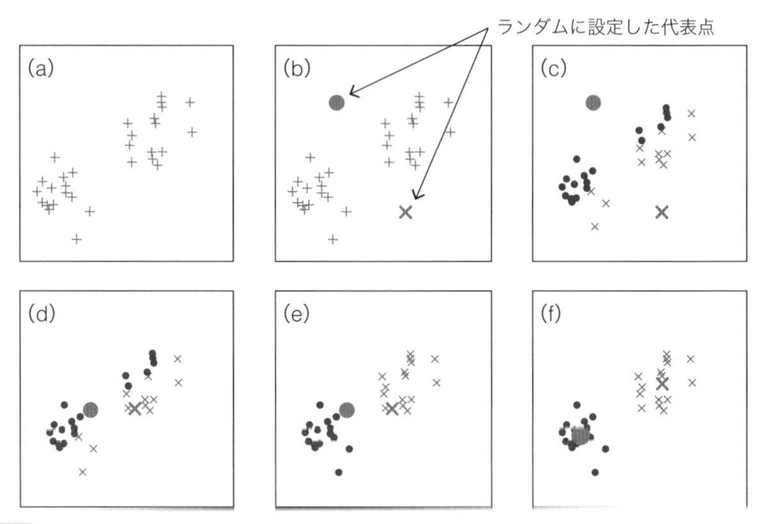

図6.1 k平均法によるクラスタリングの例

そこで、k平均法を用いて、これらのデータを2つのクラスターに分類します*31。k平均法のアルゴリズムでは、分類するクラスターの数は、事前に指定する必要があるので注意してください。また、この後の説明では、(x, y)平面上の点はベクトル記号で表します。たとえば、トレーニングセットに含まれる点は、$\mathbf{x}_n = (x_n, y_n)^{\mathrm{T}}$と表記します。

k平均法では、まずはじめに、それぞれのクラスターの「代表点」を用意します。今回は、2つのクラスターに分類するので、**図6.1 (b)** に示すように、(x, y)平面上の適当な2点$\{\boldsymbol{\mu}_k\}_{k=1}^2$を代表点として設定します。続いて、トレーニングセットの各点について、「どちらの代表点に所属するか」を決定します。ここでは、代表点との距離$\|\mathbf{x}_n - \boldsymbol{\mu}_k\|$を計算して、距離が短い方の代表点に所属するものと決めます。これで、**図6.1 (c)** のように、トレー

*31　クラスタリングのアルゴリズムでは、分類してできる各グループのことを「クラスター」と呼びます。

ニングセットに含まれるデータが2つのクラスターに分類されました。ここで、それぞれの点がどちらの代表点に所属するかを示す変数r_{nk}を定義しておきます。

$$r_{nk} = \begin{cases} 1 & \mathbf{x}_n \text{が} k \text{番目の代表点に属する場合} \\ 0 & \text{それ以外の場合} \end{cases} \tag{6.1}$$

もちろん、この分類は最初に決めた代表点のとり方に依存するもので、必ずしも最適な分類とは限りません。そこで、現在のクラスターを元にして、あらためて代表点をとり直します。具体的には、それぞれのクラスターに所属する点の「重心」を新たな代表点とします。各点のx座標の値とy座標の値のそれぞれについて平均をとったものが、重心のx座標とy座標になりますが、ベクトル記号を用いると、次のように1つの計算式にまとめられます。

$$\boldsymbol{\mu}_k = \frac{\sum \mathbf{x}_n}{N_k} \tag{6.2}$$

ここで、N_kは、k番目の代表点に所属する点の個数で、分子の和の記号$\sum$は、k番目の代表点に所属する点についてのみ加えます。これは、先ほどの変数r_{nk}を用いると、次のようにスマートに表現することができます。

$$\boldsymbol{\mu}_k = \frac{\displaystyle\sum_{n=1}^{N} r_{nk}\mathbf{x}_n}{\displaystyle\sum_{n=1}^{N} r_{nk}} \tag{6.3}$$

図6.1 (d) には、各クラスターの重心として、新たに決まった代表点を示してあります。そして、この新たな代表点を元にして、再度、トレーニングセットの各点がどちらの代表点に所属するかを決め直します。先ほどと同じように、距離が短い方の代表点に所属するものとします。すると、**図6.1 (e)** のように、より適切な分類が行われることがわかります。

この後は、同じ手続きを繰り返していきます。つまり、**図6.1 (e)** のそれぞれのクラスターについて重心を計算して、これを新たな代表点とした後、トレーニングセットの各点がどちらの代表点に所属するかを決め直します。

今の場合は、**図6.1 (f)** の状態になった後は、それぞれのクラスターに所属する点は変化しなくなります。クラスターに所属する点が変化しないということは、それぞれの重心、すなわち、代表点もそれ以上は変化しません。したがって、この手続きはこれで終了です。最終的に得られた代表点 $\{\boldsymbol{\mu}_k\}_{k=1}^{2}$ がそれぞれのクラスターを代表することになります。

なお、**図6.1**の例では、最終的に得られる代表点は、はじめの代表点のとり方によらず、必ず同じものになります。しかしながら、これはいつでも成り立つわけではありません。より複雑なトレーニングセットの場合や、より多数のクラスターに分類する場合は、最初の代表点のとり方によって結果が変わることもあります。

k平均法を現実の問題に適用する際は、最初の代表点のとり方を変えながら、何度か計算を繰り返して、より適切と思われるクラスターを発見するなどの工夫が必要になります。あらためて強調しておきますが、データサイエンスは、仮説と検証を繰り返す、科学的な手法です。一度の計算で、必ず正解が得られるというものではありません。

6.1.3　画像データへの応用

先ほど解説したk平均法のアルゴリズムを用いて、「1.3.3 画像ファイルの減色処理（代表色の抽出）」で説明した［例題3］に取り組みます。**図6.2**のようなカラー写真の画像ファイルから、指定された数の「代表色」を抽出するという問題です。直感的には、赤（花の色）、緑（葉の色）、白（空の色）を代表色とする画像ファイルです。

図6.2　カラー写真の画像ファイル

画像ファイルとクラスタリングに何の関係があるのかと思うかもしれませんが、「代表色」という言い方にヒントがあります。k平均法のアルゴリズムは、クラスタリング、すなわち、グループ分けを行うものですが、実際には、各クラスターの「代表点」を決めるという処理を行っています。したがって、画像ファイルに含まれる各ピクセルの「色」をトレーニングセットのデータとみなしてk平均法を適用すれば、「代表点」ならぬ、「代表色」が得られることになります。

各ピクセルの「色」をどのようにデータ化するかについては、いくつかの方法がありますが、最も簡単なのは、RGBの3つの値で表現して、これを3次元空間の点とみなす方法です。たとえば、**表6.1**は、各種Webサービスのブランドカラーを RGB で表示したものです[*32]。RGB座標の3次元空間にこれらを配置すると、**図6.3**のようになります。この図を見ると、それぞれのブランドカラーの類似性が見えてきます。すなわち、3次元空間上の2点間の距離として、色の類似性が判別できることがわかります。

サービス	(R, G, B)
Twitter	(0, 172, 237)
facebook	(30, 50, 97)
Google	(66, 133, 244)
LINE	(90, 230, 40)
Instagram	(63, 114, 155)
Amazon	(255, 153 ,0)
Dropbox	(0, 126, 229)
GitHub	(65, 131, 96)
YouTube	(205, 32, 31)

表6.1 各種Webサービスのブランドカラー

＊32 「BrandColors」(https://brandcolors.net/)

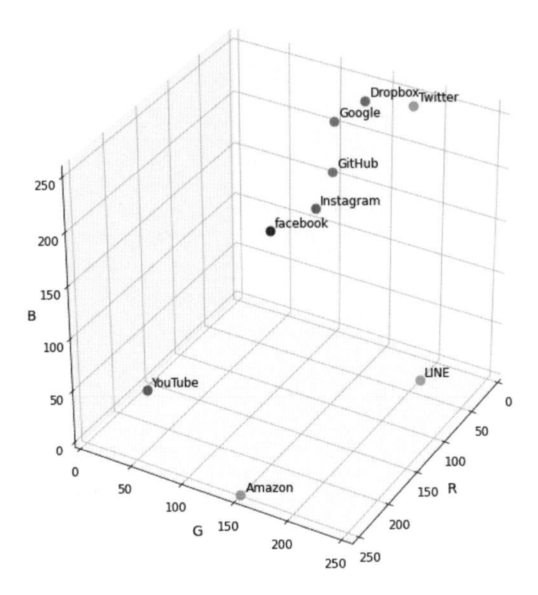

図6.3 RGB空間に配置したブランドカラー

それでは、実際の処理対象となる画像データでは、どのようになるでしょうか？　**図6.2**の画像ファイルにおいて、それぞれのピクセルの色を1つずつ拾いながら、その色をRGB空間に配置すると、**図6.4**のような結果が得られます*33。それほど明確ではありませんが、確かに、3つの代表色（花の赤、葉の緑、空の白）に対応して、3箇所にデータが集まっているように思われます。このデータに対して、**図6.1**と同じ方法で「代表点」を選択すれば、それが「代表色」になるというわけです。

＊33　すべてのピクセスを表示すると見にくくなるので、実際には、1/100個に間引いて表示しています。

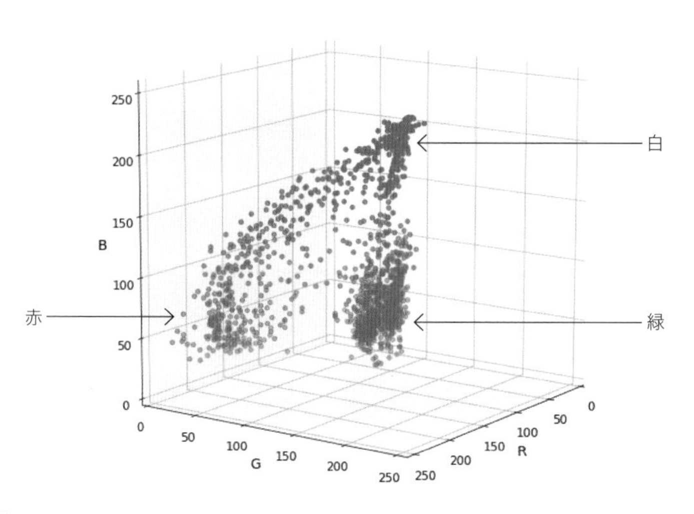

図6.4 画像ファイルの各ピクセルの色をRGB空間に配置

なお、先に触れたように、k平均法では、分類するクラスターの数、すなわち、代表点の個数Kは任意に指定することができます。$K=3$を指定した場合は、**図6.4**に示した3つの代表色が得られると期待されますが、その他の個数を指定して、より多くの代表色を抽出することも可能です。

また、今回の例題では、代表色の抽出だけではなく、画像ファイルの各ピクセルを代表色で置き換えることで、画像の減色処理を行います。これは、それぞれのピクセルについて、それが所属するクラスターの代表色、すなわち、**図6.4**の空間上での「最も近い代表色」に置き換えることで実現できます。

6.1.4 サンプルコードによる確認

ノートブック「06-k_means.ipynb」を用いて、画像ファイルからの代表色の抽出、そして、代表色への置き換えによる減色処理を行います。処理対象の画像ファイルは、GitHubリポジトリで公開されている画像ファイル「photo.jpg」をダウンロードして使用します。画像の内容は**図6.2**と同じものですが、JPGフォーマットの任意の画像ファイルに置き換えて使用することもできます。

このノートブックでは、クラスター数として、2、3、8、および、16を指定したクラスタリングを行います。ノートブックのセルを上から順に[06KM-01]から[06KM-11]まで実行すると、[06KM-07]、[06KM-09]、[06KM-10]、[06KM-11]を実行したところで、それぞれのクラスター数に対応した結果が表示されます(**図6.5**)。また、クラスタリングの処理中は、次のような出力が表示されます。

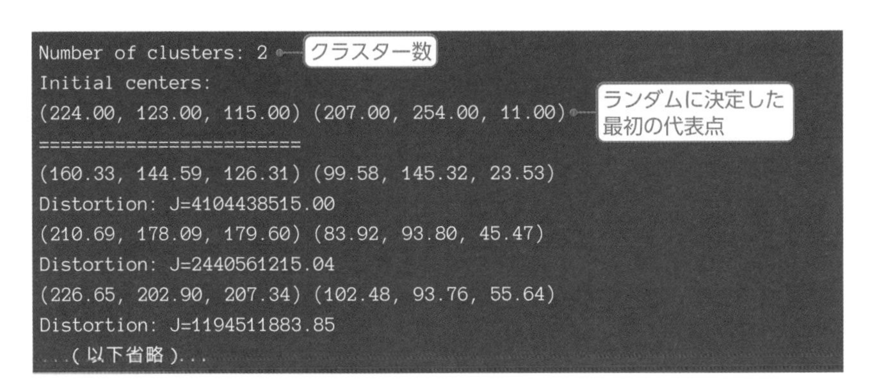

```
Number of clusters: 2
Initial centers:
(224.00, 123.00, 115.00) (207.00, 254.00, 11.00)
========================
(160.33, 144.59, 126.31) (99.58, 145.32, 23.53)
Distortion: J=4104438515.00
(210.69, 178.09, 179.60) (83.92, 93.80, 45.47)
Distortion: J=2440561215.04
(226.65, 202.90, 207.34) (102.48, 93.76, 55.64)
Distortion: J=1194511883.85
...(以下省略)...
```


クラスター数：2

クラスター数：3

クラスター数：8

クラスター数：16

図6.5 減色処理を実施した結果

最初の部分は、クラスター数と、ランダムに決定した最初の代表点を示します。その後は、k平均法のアルゴリズムに従って代表点の再計算が行われるごとに、新しい代表点が表示されていきます。この時、同時に表示される「Distortion: J」の値は、「分類の質の悪さ」を表す「二乗歪み」と呼ばれる値です。詳細は「6.1.5 k平均法の数学的根拠」で解説しますが、実際の出力を見ると、計算を繰り返すごとに、この値が小さくなっていくことがわかります。この値の変化(減少分)が0.1%以下になったところで計算を打ち切って、その時点の代表点を最終的な答えとしています。

図6.5を見ると、それぞれにもっともらしい結果が得られていますが、先に説明したように、k平均法は最初に選んだ代表点によって結果が変わることがあります。ノートブックを何度か実行して、結果にどのような違いが生じるかも確認するとよいでしょう。

6.1.5 k平均法の数学的根拠

「6.1.1 教師なし学習モデルとしてのクラスタリング」の冒頭でも触れたように、k平均法は、数学的には、特定のグループ分けに対する「歪み」の値を計算して、これがなるべく小さくなるグループ分けを探していくという手法になります。

「歪み」の定義には、いくつかのパターンがありますが、先ほどのノートブックでは、「二乗歪み」と呼ばれる次の値を用いています。

$$J = \sum_{n=1}^{N} \sum_{k=1}^{K} r_{nk} \|\mathbf{x}_n - \boldsymbol{\mu}_k\|^2 \tag{6.4}$$

r_{nk}の定義(6.1)を思い出すと、上式に含まれるkについての和は、「kが$\mathbf{x}_n$の属するクラスターの番号に一致する場合」だけが残ります。したがって、(6.4)は、それぞれのデータ$\mathbf{x}_n$についての「自身が所属するクラスターの代表点$\boldsymbol{\mu}_k$からの距離の2乗」を合計した値になっています。つまり、Jを小さくするということは、それぞれのクラスターにおいて「代表点のなるべく近くにデータが集まるように分類する」という方針に相当します。

ここでは、k平均法の手続きによって、この「二乗歪み」の値が小さくなっていき、最終的に極小値に達することの証明を与えます。

数学徒の小部屋

ここでは、トレーニングセットとして与えられるデータは、Mを任意の自然数（定数）として、M次元空間上の点の集合$\{\mathbf{x}_n\}_{n=1}^N$とします。これらをK個のクラスターに分類するものとして、代表点の集合を$\{\boldsymbol{\mu}_k\}_{k=1}^K$とします。この段階では、代表点はランダムに選択されているものとします。

続いて、トレーニングセットの各データがどのクラスターに所属するかを決定しますが、この段階では、こちらもランダムに決定しているものとします。各データが所属するクラスターを次の記号で表します。

$$r_{nk} = \begin{cases} 1 & \mathbf{x}_n \text{が} k \text{番目の代表点に属する場合} \\ 0 & \text{それ以外の場合} \end{cases} \tag{6.5}$$

そして、これらの記号を使って、現在の分類状態における「二乗歪み」を次式で定義します。

$$J = \sum_{n=1}^{N}\sum_{k=1}^{K} r_{nk}\|\mathbf{x}_n - \boldsymbol{\mu}_k\|^2 \tag{6.6}$$

先ほど説明したように、これは、各データについての「自身が所属するクラスターの代表点からの距離の2乗」を合計した値になっています。この後、k平均法の手続きに従って、r_{nk}と$\boldsymbol{\mu}_k$を修正していくと、Jの値は減少していき、最終的に極小値に達することを示します。

まず、各データが所属するクラスターを選択し直します。この時、各データ$\mathbf{x}_n$について、代表点からの距離$\|\mathbf{x}_n - \boldsymbol{\mu}_k\|$が最も小さいクラスターを選択します。上記の$J$の意味（「所属するクラスターの代表点からの距離の2乗の合計」）を考えると、この操作でJが大きくなることはあり得ません。(6.5)の表式で言うと、この操作は、r_{nk}の値を下記の条件で再定義していることになります[*34]。

$$r_{nk} = \begin{cases} 1 & k = \underset{k'}{\operatorname{argmin}}\|\mathbf{x}_n - \boldsymbol{\mu}_{k'}\| \text{の場合} \\ 0 & \text{それ以外の場合} \end{cases} \tag{6.7}$$

続いて、現在の各データの分類状態において、それぞれのクラスターの代表点$\boldsymbol{\mu}_k$をとり直します。この時、(6.6)を最小にするという条件で$\boldsymbol{\mu}_k$を選択してみます。(6.6)は、$\boldsymbol{\mu}_k$について見ると、下に凸な2次関数ですので、偏微分係数が0になるという条件で最小化することができます。

まず、Jをベクトルの成分で表示すると、次のようになります。$[\mathbf{x}_n]_i$は、ベクトル$\mathbf{x}_n$の第i成分（$i = 1, \cdots, M$）を表します。

＊34 $\underset{k'}{\operatorname{argmin}} f_{k'}$は、「$f_{k'}$を最小にする$k'$の値」を表します。

$$J = \sum_{n=1}^{N}\sum_{k=1}^{K}\left\{r_{nk}\sum_{i=1}^{M}([\mathbf{x}_n]_i - [\boldsymbol{\mu}_k]_i)^2\right\} \tag{6.8}$$

これより、特定の成分による偏微分係数は、次になります。

$$\frac{\partial J}{\partial[\boldsymbol{\mu}_k]_i} = -2\sum_{n-1}^{N} r_{nk}([\mathbf{x}_n]_i - [\boldsymbol{\mu}_k]_i) \tag{6.9}$$

これが0になるという条件より、$[\boldsymbol{\mu}_k]_i$ が次のように決まります。

$$[\boldsymbol{\mu}_k]_i = \frac{\sum_{n=1}^{N} r_{nk}[\mathbf{x}_n]_i}{\sum_{n=1}^{N} r_{nk}} \tag{6.10}$$

成分による表示から、通常のベクトル表記に戻すと、次の結果が得られます。

$$\boldsymbol{\mu}_k = \frac{\sum_{n=1}^{N} r_{nk}\mathbf{x}_n}{\sum_{n=1}^{N} r_{nk}} \tag{6.11}$$

これは、J が最小になるという条件から得られたものですが、結果として、各クラスターの重心を新たな代表点にとるという(6.3)の手続きと同じものになっています。したがって、(6.3)の手続きによって、J が大きくなることはあり得ません。

以上により、k平均法の操作を繰り返すと、J の値は小さくなるか、もしくは、それ以上は変化しない極小値に達することがわかります。

なお、各クラスターの代表点 $\{\boldsymbol{\mu}_k\}_{k=1}^{K}$ は、(6.11)により、データの分類方法によって一意に決まるので、J の値はデータの分類方法で決まります。そのため、「J がとり得る値」の個数は、高々「N 個のデータを K 個の組に分ける場合の数」であり、有限個になります。したがって、J の値が無限に減少を続けることはなく、有限回の操作で必ず極小値に達することになります。

これで、k平均法の手続きに対する、数学的な裏付けができました。なお、上記の説明では、二乗歪み J は有限回の操作で極小値に達すると説明しましたが、完全に値が変化しなくなるまでには、計算に時間がかかります。そのため、ノートブックのサンプルコードでは、J の減少分が、J そのものの大きさの0.1%未満になったところで計算を打ち切るようにしてあります。

また、上記の証明の中では、「データ $\mathbf{x}_n$ と代表点 $\boldsymbol{\mu}_k$ の間の距離」が重要な役割を果たしていることがわかります。各データが所属するクラスターを決定する際は、代表点との距離が最小になるものを選択しました。あるいは、クラスター内の代表点を決める際は、「二乗歪み」を最小にするという条件で決定しましたが、この二乗歪みは、「各データと代表点の距離の2乗の合計」として定義されています。

今回の例題では、トレーニングセットのデータは3次元空間の点でしたので、通常のユークリッド距離 $\|\mathbf{x}_n - \boldsymbol{\mu}_k\|$ で計算を行いました。ただし、これ以外の距離を用いた場合でも、k平均法の手続きを実行することはできます。たとえば、本章の冒頭では、「文書」のデータをグループ化することで、ドキュメントをカテゴリー分けするという例を紹介しました。この場合は、「2つの文書の間の距離」を定義することになります。

つまり、何らかの方法で文書の類似度を計算して、類似度が高いほど、距離が短くなるような定義を行います。文書間の距離については、文書に含まれる単語の出現頻度で判断する「TF (Term Frequency)」や、特定ジャンルの文書にしか現れない、珍しい単語の出現頻度で判断する「TF-IDF (Term Frequency-Inverse Document Frequency)」などの定義がよく用いられます。

6.2 怠惰学習モデルとしてのk近傍法

ここでは、k平均法と同様に、データ間の距離に基づいて計算を行うk近傍法を紹介します。ただし、「教師なし学習によるクラスタリングアルゴリズム」であるk平均法に対して、k近傍法は、「教師あり学習の分類アルゴリズム」になります。復習の意味もこめて、これらの違いに注意しながら説明していきます。

6.2.1 k近傍法による分類

k近傍法は「教師あり学習」ですので、トレーニングセットのデータには、正解ラベル t_n が付与されています。具体例として、パーセプトロンとロジスティック回帰の説明に使用した、「1.3.2 線形判別による新規データの分類」の［例題2］と同じトレーニングセット $\{(x_n, y_n, t_n)\}_{n=1}^N$ を考えてみます。

パーセプトロンやロジスティック回帰では、正解ラベルの値は2種類あり、これら2種類の属性のデータを (x, y) 平面上の直線で分類することを考えました。未知のパラメーター $\mathbf{w}$ を含む形で直線の方程式を用意しておき、学習処理によってパラメーターの値を決定しました。

一方、k近傍法の場合は、このようなパラメーターは登場しませんし、学習処理によってパラメーターを決定するということもありません。何をするのかと言うと、新たなデータ (x, y) が与えられた際に、その周りのデータを見て、自分の近くにあるデータの正解ラベルから、自分自身の目的変数 t の値を推定します。

最も単純な例としては、一番近くにあるデータと同じ属性を持つものと推定します。もう少し一般的には、自分の周りの K 個分のデータ（近い方から K 個分のデータ）を見て、その中で、最も個数が多い正解ラベルの値を採用します。つまり、自分の周りの K 個のデータによる「多数決」で決定しようというわけです。

これは、実際の実行結果を見ると、すぐに様子がわかります。**図6.6**は、(x, y) 平面上にランダムに生成した2種類の属性値（○と×）のデータ群について、$K=1$ と $K=3$ でk近傍法による分類を実施した結果になります。平面上の各点について、どちらに分類されるかを色の違いで示してあります。

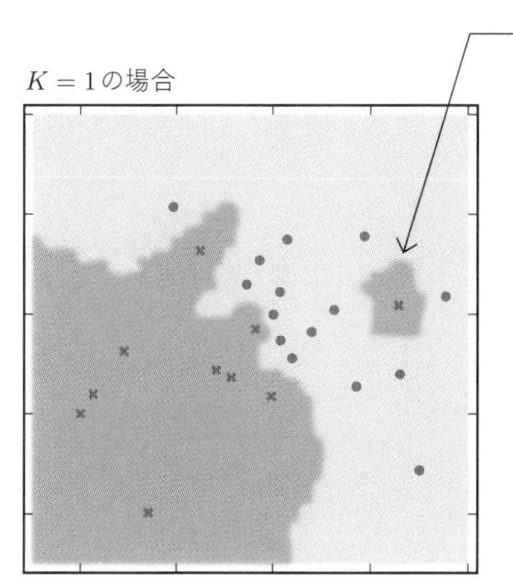

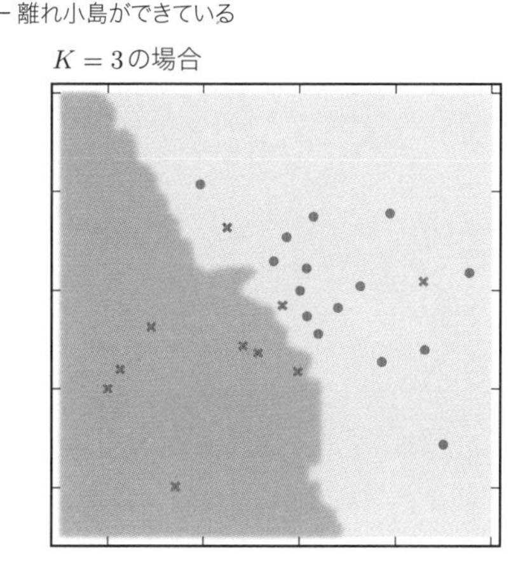

図6.6 k近傍法による分類結果

$K=1$の場合は、図に示したように、単独で存在するデータの周りに離れ小島ができています。一方、$K=3$の場合は、3個分のデータから判断するため、単独で存在するデータは「多数決」に負けてしまい、離れ小島はなくなります。

この2つを比較すると、$K=1$の場合は、トレーニングセットとして与えられたデータに特化した分類が行われており、一種のオーバーフィッティングが発生していることがわかります。$K=3$では、単独で存在するデータの影響がなくなり、よりなめらかで自然な分類になります。

6.2.2　k近傍法の課題

これまでに説明したパーセプトロンやロジスティック回帰と比較すると、k近傍法は、考え方がシンプルで扱いやすいアルゴリズムのように思えます。しかしながら、k近傍法に固有の課題もあります。

1つは、新たなデータの分類を判定するのにかかる時間です。パーセプトロンやロジスティック回帰の場合、直線を表す関数$f(x, y)$は未知のパラメーターを含んでおり、これを決定するには、トレーニングセットを用いた学習処理が必要でした。トレーニングセットに含まれるデータ数が多い場合は、それなりに計算時間がかかります。しかしながら、一度、学習処理が終わって、パラメーター$\mathbf{w}$の値が決まってしまえば、それ以上の計算は必要ありません。新たなデータについては、決定された関数$f(x, y)$を用いて、すぐに判定を行うことができます。

一方、k近傍法の場合はどうでしょうか？　よく考えると、k近傍法の場合、事前の学習処理はありません。新たなデータが与えられると、その都度、トレーニングセットに含まれるすべてのデータを参照して、自分に近いデータを探し出す必要があります。分類するべきデータが与えられてから、あわててトレーニングセットを参照するので、「怠惰学習」と呼ばれることもあります。新たなデータが与えられるごとに計算処理が走るので、大量のデータについて高速に分類する必要がある場合には、適さない方法となります*35。

＊35　トレーニングセットのデータに対して、検索用のインデックスを事前に生成することで、k近傍法の分類処理を高速化するなどの工夫は可能です。

そして、もう1つの課題は、分析の「モデル」が明確ではないという点です。たとえば、パーセプトロンやロジスティック回帰は、「トレーニングセットとして与えられたデータは、直線で分類することができる」という仮説に基づいたアルゴリズムです。つまり、分析対象のデータの背後には、直線で分類できることを根拠づける、何らかの隠された仕組みがあると考えているのです。一方、k近傍法の場合は、そのような特別な仮説はありません。単純に与えられたデータを見て、そこからわかる事実を元に判断しているだけです。

もちろん、k近傍法で得られた結果をビジネスに適用して、有益な結果が得られることもあります。「ビジネスに役立っているのだから、それでよいのではないか？」と考えることもできますが、仮にうまくいかなかった場合に、「うまくいかない理由」を追求して、アルゴリズムを改善していくという活動が難しくなります。

現実の問題では、1つのアルゴリズムを試して、それだけでうまくいくことは、ほとんどありません。さまざまな仮説を立てて、それぞれについて、「うまくいく理由／いかない理由」を追求していく必要があります。その点では、アルゴリズムを適用する前提となる仮説、すなわち、分析の「モデル」を明確にしたアプローチに優位性があります。

ただし、そのような分析の出発点として、仕組みが簡単でわかりやすいk近傍法を利用して、データの様子を探ることは可能です。たとえば、「データ間の距離」の定義を変更することで、分類結果がどのように変化するかを見るなど、データの性質を発見するための手法として、k近傍法が利用されることもあります。

コラム　データの埋め込み(Embedding)手法

カラー画像の「代表色」を抽出するという例題に対して、本章では、各ピクセルの「色」をRGBの3つの値に変換して、「RGB空間上の1つの点」とみなした上で、この空間内でクラスタリングを行いました。色を数値データとして表現する方法はこれ1つというわけではありませんが、RGB空間には、「この空間内で距離が近い2点は、見た目にも色が似ている」という都合のよい性質があります。このため、RGB空間内でクラスタリングすることで、類似色を代表する色が発見できたのです。

本文では、k近傍法の課題として、分析の「モデル」が明確ではないという点を指摘しましたが、RGB空間のように、データ間の距離がどのような意味を持つかがあらかじめわかっている場合は、少し状況が変わります。たとえば、オンラインショッピングのWebサイトにおいて、取り扱い商品のすべてに対して、あるユーザー(Aさん)が「すでに購入した／まだ購入していない」という正解ラベルを付与したとします。そして、新しい商品を入荷した際に、Aさんがこの商品を購入するかどうかを予測します。この時、それぞれの商品の「色」の情報を用いて、RGB空間内で、k近傍法を用いて予測したとします。これは、「Aさんは、商品の色の類似性で購入するかどうかを決めている」という1つの仮説に対応したモデルになります。この仮説が正しいかどうかは、既存の商品を任意に選んで、k近傍法による予測結果が実際の正解ラベルに一致するかで検証することができます。

このように、与えられたデータをそのまま利用するのではなく、RGB空間のように、データ間の距離が特定の意味合いを持つ空間にマッピングする手法をデータの埋め込み(Embedding)と呼びます。RGB空間以外の有名な例として、Word2vecと呼ばれる埋め込み手法があります。これは、さまざまな英単語を100～300次元程度の空間上の点にマッピングしたもので、単語の意味が近いものが、この空間上でも近い位置に配置されます。ただし、一般には、このような都合のよい埋め込み空間を見つけ出すこと自体が、機械学習としての1つのタスク(何らかのアルゴリズムを用いて解くべき課題)となります。最近は、ニューラルネットワークの中間層を用いて、目的に応じた埋め込み空間を構成する手法が広く使われるようになっています。

第7章

EMアルゴリズム：最尤推定法による教師なし学習

第7章 EMアルゴリズム：最尤推定法による教師なし学習

本章では、教師なし学習によるクラスタリングのアルゴリズムとして、最尤推定法を利用した、EMアルゴリズムを取り上げます。具体的な応用例として、手書き文字の分類問題を取り扱いますが、少し複雑な内容となるため、2つのステップに分けて解説を行います。

1つ目は、特定の文字だけからなる手書き文字サンプル群から、それらを代表する「代表文字」を生成する方法です。数学的には、「ベルヌーイ分布」と呼ばれる確率分布を用いて、最尤推定法を実施する形になります。そして、2つ目は、複数の文字が混在した手書き文字サンプル群を分類する方法です。数学的には、「混合ベルヌーイ分布」を用いた最尤推定法になります。この処理を行う際に、EMアルゴリズムが必要となります。

何やら難しそうな気もしますが、考え方としては、これまでに登場した最尤推定法と変わりありません。順を追って解説していきましょう。

7.1 ベルヌーイ分布を用いた最尤推定法

本章で扱う例題は、「1.3.4 教師なしデータによる手書き文字認識」で説明した[例題4]です。**図7.1**のような手書き数字の画像データが大量に与えられているとして、これらを分類することが目標となります。さらに、分類した手書き数字について、これらを平均化した「代表文字」を作るという課題も与えられています。

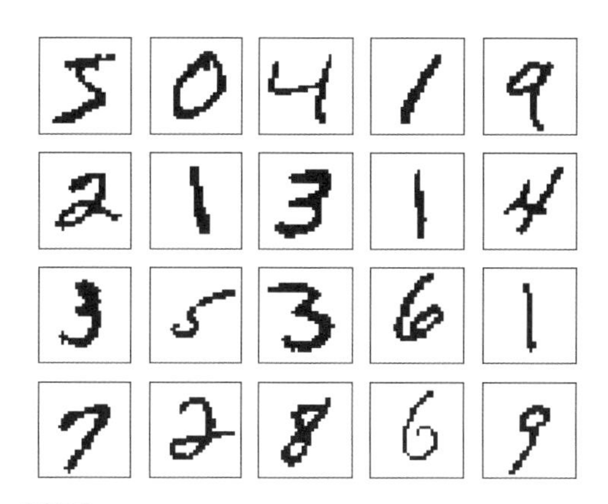

図7.1 手書き数字の画像データ

ここでは、画像データの分類は後回しにして、まずは、特定の数字の手書き画像データ群について、それらを平均化した「代表文字」を生成する方法を説明します。複数の顔写真を合成して、「平均的な顔」の写真を作るようなものと考えてください。

7.1.1 手書き文字の合成方法

複数の画像データを合成するには、どのような方法があるでしょうか？直感的には、すべての画像を重ね合わせて、平均をとればよい気もします。具体的には、次のような操作になります。

まず、手書き文字の画像に含まれるピクセルを横一列に並べて、各ピクセルの色（黒、もしくは、白）を1と0の数値で表したベクトルを用意します。トレーニングセットとして与えられた画像ファイルは、モノクロ2階調であることに注意してください。n 番目の画像に対応するベクトルを $\mathbf{x}_n$ とします。このベクトルの第 i 成分 $[\mathbf{x}_n]_i$ を見ると、i 番目のピクセルの色がわかるというわけです。

そして今、特定の数字の手書き画像データが N 個あるとして、これらの平均をとったベクトル $\boldsymbol{\mu}$ を用意します。

$$\boldsymbol{\mu} = \frac{1}{N}\sum_{n=1}^{N}\mathbf{x}_n \tag{7.1}$$

$\boldsymbol{\mu}$の各成分は、0～1の範囲の実数値をとるので、これをピクセルの色の濃淡と考えます。**図7.2**は、実際にこの方法で100枚の手書き文字画像を合成した結果です。それなりに、もっともらしい結果が得られることがわかります。

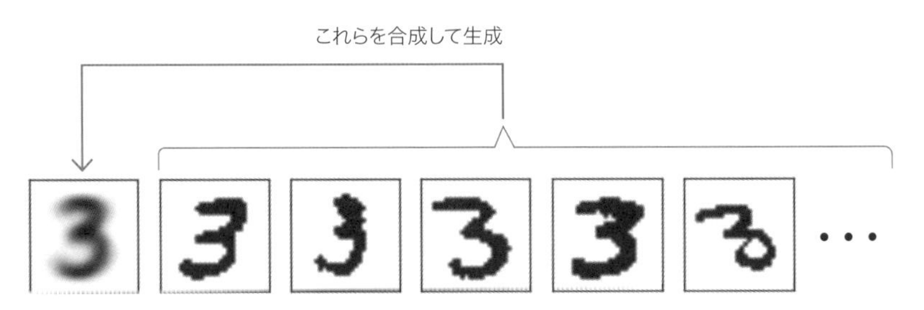

図7.2 手書き文字画像を平均化した画像

ただし、この説明だけでは理論的な根拠が欠けており、画像データを分類するという本来の課題とのつながりも見えてきません。そこで、これまでに学んだ最尤推定法を用いたモデルを構築してみます。結論としては、(7.1)と同じ結果が得られるのですが、「どのような理屈でその結果が得られるのか」という結論に至るプロセスが明確になり、画像データの分類問題への応用が可能になります。

7.1.2 「画像生成器」による最尤推定法の適用

最尤推定法を適用するには、何らかの方法で、「トレーニングセットが得られる確率」を計算する必要があります。今の場合、現実の手書き数字の画像があるわけですので、「このような数字が書かれたプロセス」、すなわち、データの生成過程を考えるという方法があります。たとえば、「この数字を書いた際の手の動きをシミュレーションする」という方法も考えられますが、そこまでするのは大変なので、ここでは簡易的に、「ランダムに画像を生成するスタンプ」のようなものを考えます。

まず、**図7.2**で合成したような、濃淡のある画像ファイルを用意して、これを「画像生成器」とみなします。具体的には、各ピクセルを横一列に並べて、それぞれのピクセルの濃淡を0～1の実数値で表したベクトル$\boldsymbol{\mu}$を用意します。そして、このベクトル$\boldsymbol{\mu}$の各成分の値を「対応するピクセルが黒になる確率」と考えます。つまり、ベクトル$\boldsymbol{\mu}$の第i成分の値をμ_iとして、「確率μ_iでi番目のピクセルを黒にする」というルールで、新しい画像をランダムに生成します。これを繰り返すと、この「画像生成器」に類似の「手書き文字風」の画像を好きな数だけ生成することができます。**図7.3**は、**図7.2**で作成した平均化文字を「画像生成器」とみなして、ランダムに画像を生成した例になります。

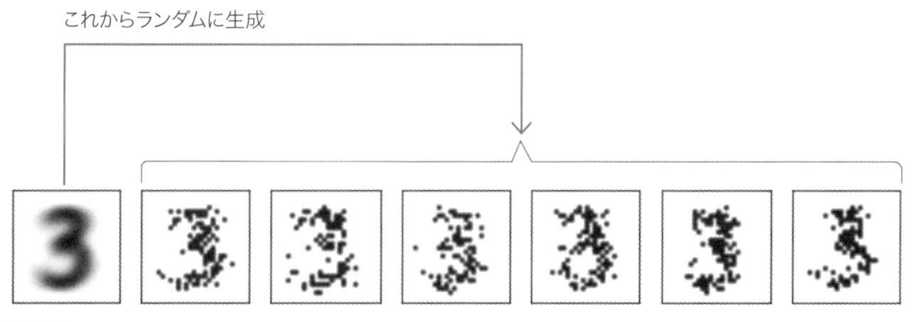

図7.3 画像生成器から生成した画像の例

そして今、トレーニングセットとなる特定の数字の手書き画像データがN個あるとします。そして、ある画像生成器を用意して、これからN個の画像を生成します。この時、「トレーニングセットと同一のデータ群が生成される確率」を考えます。直感的に考えると、そのような確率は相当に低いものになりそうですが、とにかく何らかの確率は計算されます。この確率が最大になるような画像生成器を見つけ出せば、トレーニングセットの全体に類似した画像、すなわち、トレーニングセットを代表する画像になっていると期待することができます。

そこで、ベクトル$\boldsymbol{\mu}$で表される画像生成器から、トレーニングセットのデータ群が生成される確率を実際に計算してみます。まず、トレーニングセットに含まれる特定の画像データを$\mathbf{x}$とします。$\mathbf{x}$は、第i成分の値x_iがi番目のピクセルの色（$1=$黒、$0=$白）を表すベクトルです。特にi番目のピクセルだけに注目した場合、そのピクセルの色が得られる確率p_iは、次のようになります。

$$x_i = 1 \text{ の場合 } : \ p_i = \mu_i \tag{7.2}$$

$$x_i = 0 \text{ の場合 } : \ p_i = 1 - \mu_i \tag{7.3}$$

これらは、まとめて次のように書くことができます。これは、「5.1.1 データの発生確率の設定」で説明した、ロジスティック回帰の計算式(5.6)と同じテクニックです。

$$p_i = \mu_i^{x_i}(1-\mu_i)^{1-x_i} \tag{7.4}$$

したがって、すべてのピクセルx_i $(i = 1, \cdots, D)$について各ピクセルと同じ色が得られる確率、すなわち、$\mathbf{x}$と同じ画像が生成される確率は次式で与えられます。ここでは、1つの画像に含まれるピクセル数をDとしています。

$$p(\mathbf{x}) = \prod_{i=1}^{D} p_i = \prod_{i=1}^{D} \mu_i^{x_i}(1-\mu_i)^{1-x_i} \tag{7.5}$$

さらに、トレーニングセットに含まれるすべてのデータ$\{\mathbf{x}_n\}_{n=1}^{N}$を考えると、これらすべてに対して一致する画像が得られる確率は、次のようになります。$[\mathbf{x}_n]_i$は、ベクトル$\mathbf{x}_n$の第i成分を表します。

$$P = \prod_{n=1}^{N} p(\mathbf{x}_n) = \prod_{n=1}^{N}\prod_{i=1}^{D} \mu_i^{[\mathbf{x}_n]_i}(1-\mu_i)^{1-[\mathbf{x}_n]_i} \tag{7.6}$$

これが、このモデルの尤度（ゆうど）関数になります。今の場合は、画像生成器の各ピクセルの値μ_i $(i = 1, \cdots, D)$がパラメーターになっており、与えられたトレーニングセット$\{\mathbf{x}_n\}_{n=1}^{N}$に対して、(7.6)が最大になるという条件から、画像生成器を決定することができます。

実際の計算は次に示しますが、結論としては、先ほどの(7.1)と同じ結果が得られます。つまり、(7.1)には、与えられたトレーニングセットに対して、「尤度関数(7.6)を最大化する画像生成器」という意味があったのです。

数学徒の小部屋

(7.6)を最大化する$\boldsymbol{\mu}$を決定します。計算を簡単にするために、(7.6)から対数尤度関数$\log P$を計算して、これを最大化する$\boldsymbol{\mu}$を求めます。これまでにも出てきたように、尤度関数を最大化することと、対数尤度関数を最大化することは同値になります。

まず、対数尤度関数は次のようになります。

$$\log P = \sum_{n=1}^{N}\sum_{i=1}^{D}\{[\mathbf{x}_n]_i \log \mu_i + (1-[\mathbf{x}_n]_i)\log(1-\mu_i)\} \tag{7.7}$$

これをμ_iで偏微分すると、次が得られます。

$$\frac{\partial(\log P)}{\mu_i} = \sum_{n=1}^{N}\left(\frac{[\mathbf{x}_n]_i}{\mu_i} - \frac{1-[\mathbf{x}_n]_i}{1-\mu_i}\right) \tag{7.8}$$

これが0になるという条件から、μ_iは次のように決まります。

$$\mu_i = \frac{1}{N}\sum_{n=1}^{N}[\mathbf{x}_n]_i \tag{7.9}$$

これは、(7.1)を成分表記したものにほかなりません。

ちなみに、先ほどの計算において、「あるピクセルの色が得られる確率」を表す式(7.4)は、ロジスティック回帰において、属性がt_nのデータが得られる確率を表す式(5.6)に類似していることを指摘しました。(7.4)、あるいは、(5.6)は、数学的には「ベルヌーイ分布」と呼ばれる確率分布になります。これは、コインを投げた時の裏表の確率のように、とり得る値が2種類しかない事象の確率を表します。したがって、あえて数学的な言い方をするならば、上記のモデルは、「ベルヌーイ分布を用いた最尤推定法」ということになります。

7.2 混合分布を用いた最尤推定法

前節の議論では、特定の数字の手書き画像データ群について、それらを平均化した「代表文字」を作る方法を考えました。次のステップとして、複数の数字の手書き画像が混在している場合に、文字の種類ごとに画像データを分類する方法を考えます。この問題についても、先ほどと同様に、最尤推定法の考え方を適用することができます。

7.2.1 混合分布による確率の計算

全部でK種類の数字を含む、手書き文字画像のトレーニングセットがあるものとします。ここで、先ほどと同様に画像生成器を用意して、これからトレーニングセットと同じ画像が得られる確率を考えます。ただし、今の場合は、それぞれの数字に対応する画像生成器を用意します。ここでは、全部でK個ある画像生成器を$\{\boldsymbol{\mu}_k\}_{k=1}^K$とします。

この時、特定の画像生成器$\boldsymbol{\mu}_k$から画像$\mathbf{x}$が得られる確率は、(7.5)と同様に、次式で表されます。

$$p_{\boldsymbol{\mu}_k}(\mathbf{x}) = \prod_{i=1}^{D} [\boldsymbol{\mu}_k]_i^{x_i} (1 - [\boldsymbol{\mu}_k]_i)^{1-x_i} \tag{7.10}$$

どの画像生成器を使うかによって上記の確率が変わりますので、ここでは、使用する画像生成器の選択にも確率を取り入れます。つまり、「どれか1つの画像生成器をランダムに選択して、新しい画像を生成する」という操作を行います。この時、k番目の画像生成器を選ぶ確率をπ_kとします。$\{\pi_k\}_{k=1}^K$は、次の条件を満たします。

$$\sum_{k=1}^{K} \pi_k = 1 \tag{7.11}$$

このような操作によって、特定の画像$\mathbf{x}$が得られる確率は次式で表されます。

$$p(\mathbf{x}) = \sum_{k=1}^{K} \pi_k p_{\boldsymbol{\mu}_k}(\mathbf{x}) \tag{7.12}$$

「画像生成器$\boldsymbol{\mu}_k$が選択されて、そこからさらに画像$\mathbf{x}$が得られる」ということが起きる確率は$\pi_k p_{\boldsymbol{\mu}_k}(\mathbf{x})$ですので、これをすべての$k$の場合について合計したものが、上記の(7.12)になります。

そして最後に、トレーニングセットに含まれるデータ数をNとして、上記の操作をN回繰り返したとします。このようにして生成されるN個の画像が、トレーニングセットのデータ群と一致する確率は、次式で表されます。

$$P = \prod_{n=1}^{N} p(\mathbf{x}_n) = \prod_{n=1}^{N} \sum_{k=1}^{K} \pi_k p_{\boldsymbol{\mu}_k}(\mathbf{x}_n) \tag{7.13}$$

上記の(7.13)が、このモデルの尤度関数になります。尤度関数に含まれるパラメーターは、それぞれの画像生成器を表すベクトル$\{\boldsymbol{\mu}_k\}_{k=1}^{K}$に加えて、それぞれの画像生成器を選択する確率$\{\pi_k\}_{k=1}^{K}$になります。

この尤度関数を最大にするパラメーターを決定することで、トレーニングセットの画像を分類することができるようになります。なぜこれで画像データの分類ができるのか、まだピンとこないかもしれませんが、まずは、そのようなパラメーターを決定する方法を考えてみます。

ちなみに、先ほど得られた、特定の画像$\mathbf{x}$が得られる確率(7.12)は、特定の画像生成器から得られる確率$p_{\boldsymbol{\mu}_k}(\mathbf{x})$を複数の画像生成器について混ぜあわせた形になっています。それぞれの画像生成器から得られる確率がベルヌーイ分布でしたので、これは、数学的には「混合ベルヌーイ分布」と呼ばれるモデルになります。

コラム　生成モデルと潜在変数

本文では、「どれか1つの画像生成器をランダムに選択して、新しい画像を生成する」という作業を繰り返すことで、N個の画像を生成する方法を考えました。このような発想はいったいどこから生まれてきたのでしょうか？　実は、この背後には、「生成モデル」の考え方があります。

トレーニングセットに含まれるN個の画像データが、実際にどのようにして作成されたかはわかりませんが、たとえば、こんな想像をしてみます。まず、N人の被験者を会場に集めて、「0から9の好きな数字を1つ思い浮かべてください」と指示します。人間の心理として、0から9の数字が均等に思い浮かべられるとは限りません。数字によって、思い浮かべられやすいものがあるかもしれません。このような数字ごとの違いを考慮して、一般に、「k番目の数字が思い浮かべられる確率」をπ_kとします。

次に、「思い浮かべた数字を目の前の紙に書いてください」と指示します。それぞれの被験者は、自分が思い浮かべた数字にあわせて、手を動かして数字を書いていきます。この時の手の動きをシミュレーションする代替として用意したのが、「画像生成器」でした。思い浮かべた数字ごとに、手の動きのパターンが異なりますので、それぞれの数字に対して、対応する画像生成器$\boldsymbol{\mu}_k$が用意されています。これにより、「N人の被験者がそれぞれに思い浮かべた数字を書く」という現実の作業が、「確率π_kに従って画像生成器$\boldsymbol{\mu}_k$を選択して、新しい画像を生成する」という作業のN回の繰り返しに置き換えられるというわけです。

このように、現実世界のデータが生成される過程を確率を用いてモデル化したものを一般に、「生成モデル」と呼びます。ディープラーニングを用いて、人物や風景の画像を自動生成する例を知っている方も多いと思いますが、これらも生成モデルの一種になります。ディープラーニングを用いた例と比較すると、今回用意した画像生成器のモデルは、それほど出来のよいものではありませんが、生成モデルとして類似した点もあります。たとえば、「敵対的生成ネットワーク（GAN：Generative Adversarial Networks）」と呼ばれる画像生成モデルでは、「潜在変数」と呼ばれる変数の値を変化させることで、生成される画像を変化させることができます。今回のモデルでは、変数$\{\pi_k\}_{k=1}^{K}$が、この潜在変数にあたります。これらは、それぞれの画像生成器が選ばれる確率を調整するものですので、たとえば、「0」に対応した画像生成器を選ぶ確率を大きく設定すれば、「0」に似た画像が生成されやすくなるでしょう。

ただし、今回用意したモデルは、新しい画像を生成することが目的ではありません。このモデルからトレーニングセットと同じデータが生成される確率を計算して、最尤推定法を適用するために用意したものです。本文のこの後の結果を見ると、与えられたデータを分類するという課題に対しては、このような簡易的なモデルでも十分に役立つことがわかります。

7.2.2 EMアルゴリズムの手続き

ここで、尤度関数(7.13)を最大化するパラメーターを決定するわけですが、実は、この計算はそれほど簡単ではありません。前節で計算した尤度関数(7.6)の場合は、対数尤度関数 $\log P$ に変換することで、積の計算 $\prod$ が、和の計算 $\sum$ に変換されて、偏微分計算が簡単にできました。しかしながら、(7.13)の場合は、積の計算 $\prod$ と和の計算 $\sum$ が混在しているために、対数尤度関数に変換しても、うまく計算を進めることができません。

EMアルゴリズムというのは、このような形式の尤度関数を最大にするパラメーターを求める手続きになります。興味深いことに、この手続きは、前章で解説したk平均法に類似した形になっています。具体的な証明はここでは割愛しますが、結論としては、次のような手続きになります。k平均法の手続きと対比する形で説明していきます。

まずはじめに、K 個の画像生成器 $\{\boldsymbol{\mu}_k\}_{k=1}^K$ を乱数で適当に用意します。これは、k平均法において、はじめに「代表点」をランダムに選ぶ操作にあたります。同時に、それぞれの画像生成器を選択する確率 $\{\pi_k\}_{k=1}^K$ についても、(7.11)を満たすという条件の下に、適当な値を設定しておきます。

この時、(7.12)の議論を思い出すと、「どれか1つの画像生成器を(確率 $\{\pi_k\}_{k=1}^K$ に従って)ランダムに選択して、新しい画像を生成する」という操作を行った際に、画像 $\mathbf{x}_n$ が得られる確率は、次式で与えられます。

$$p(\mathbf{x}_n) = \sum_{k=1}^{K} \pi_k p_{\boldsymbol{\mu}_k}(\mathbf{x}_n) \tag{7.14}$$

これは、「k 番目の画像生成器が選択されて、そこから $\mathbf{x}_n$ が生成される確率」である $\pi_k p_{\boldsymbol{\mu}_k}(\mathbf{x}_n)$ をすべての k について合計した形になっています。どの画像生成器が選択された場合でも、$\mathbf{x}_n$ と同じ画像が生成される可能性がある点に注意してください。そこで、特定の k 番目の画像生成器から、画像 $\mathbf{x}_n$ が得られる可能性について、その割合を次式で取り出します。

$$\gamma_{nk} = \frac{\pi_k p_{\boldsymbol{\mu}_k}(\mathbf{x}_n)}{\displaystyle\sum_{k'=1}^{K} \pi_{k'} p_{\boldsymbol{\mu}_{k'}}(\mathbf{x}_n)} \tag{7.15}$$

これは、k平均法において、トレーニングセットに含まれるデータ$\mathbf{x}_n$が所属する代表点を決める操作にあたります。k平均法の場合は、最も距離が近い代表点に所属するという条件で、どの代表点に所属するかを示す変数r_{nk}の値を設定しました。上記のγ_{nk}は、これに相当する変数になります。今の場合、$\mathbf{x}_n$は、どれか1つの画像生成器だけに所属するというわけではなく、それぞれの画像生成器に対して、γ_{nk}の割合で所属していると考えてください。

ここでは、「代表点」、あるいは、「画像生成器」に所属するという言い方をしていますが、k平均法の場合、それぞれの代表点は「クラスターを代表する点」という意味を持っていました。つまり、r_{nk}は「どのクラスターに所属するかを示す変数」と言っても構いません。これと同様に、それぞれの「画像生成器」は、ある1つのクラスターを代表していると考えることができます。EMアルゴリズムの場合、それぞれのデータ$\mathbf{x}_n$は1つのクラスターだけに所属するのではなく、γ_{nk}が示す割合で、複数のクラスターに同時に所属していると考えます(**図7.4**)。

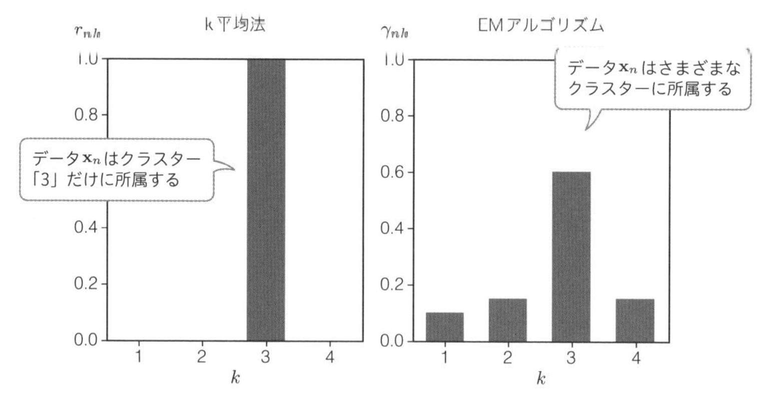

図7.4 k平均法のr_{nk}とEMアルゴリズムγ_{nk}の比較

このようにして、それぞれの画像生成器(言い換えると、画像生成器が代表するクラスター)に所属する割合が決まったら、この割合に基づいて、新たに画像生成器$\{\boldsymbol{\mu}_k\}_{k=1}^K$を作り直します。併せて、それぞれの画像生成器を選択する確率$\{\pi_k\}_{k=1}^K$も計算し直します。具体的には、次の計算式で再設定します。

$$\boldsymbol{\mu}_k = \frac{\sum_{n=1}^{N} \gamma_{nk} \mathbf{x}_n}{\sum_{n=1}^{N} \gamma_{nk}} \tag{7.16}$$

$$\pi_k = \frac{\sum_{n=1}^{N} \gamma_{nk}}{N} \tag{7.17}$$

これは、k平均法において、各クラスターの重心として、新たな代表点をとり直す操作に相当します。特に、(7.16) は、k平均法における (6.3) と同じ形の計算式になっていることに気が付きます。

あるいは、(7.16) は、1種類の文字についての代表文字を作成する (7.1) を K 種類の文字の混合版に拡張したものと考えることもできます。(7.16)は、トレーニングセットに含まれるそれぞれの画像 $\mathbf{x}_n$ を「k 番目の画像生成器に所属する割合」で合成する計算になっているからです。同じく、(7.17) は、それぞれの画像生成器を使用する割合を「それぞれの画像生成器に所属する画像の量」に比例するように再設定しています。

これで、EMアルゴリズムの手続きは完了です。この後は、(7.16) (7.17) で決まった $\{\boldsymbol{\mu}_k\}_{k=1}^K$ と $\{\pi_k\}_{k=1}^K$ を用いて、再度、(7.15) で γ_{nk} を計算し直して、さらにまた (7.16) (7.17) を計算するという手続きを何度も繰り返します。これを繰り返すごとに、(7.13) の尤度関数の値が大きくなっていき、最終的に、極大値に達することが証明されています。

ここで、最大値ではなく、「極大値」と言っているのは、最初に用意した $\{\boldsymbol{\mu}_k\}_{k=1}^K$ と $\{\pi_k\}_{k=1}^K$ によって、結果が変わる可能性があるためです。これもまた、k平均法と同じ性質です。

7.2.3 サンプルコードによる確認

ノートブック「07-em_algorithm.ipynb」を用いて、EMアルゴリズムの手続きを実際に実行してみます。実際の手書き文字画像を使用して、(7.15) ～ (7.17) の手続きを繰り返すようになっており、それぞれの画像生成器がどのように変化していくかを確認することができます。手書き文字のサンプルデータは、「MNIST」と呼ばれるインターネット上の公開データを使用しています。オリジナルのデータは、28 × 28 ピクセルのグレイスケールの画像ですが、ここでは、これらをモノクロ2階調の画像データに変換して利用します。また、計算時間を短縮するために、「0」「3」「6」の3種類の数字のみを抽出して使用します。

はじめに、ノートブックのセルを上から順に、[07EM-01] から [07EM-04] まで実行します。この部分では、MNISTの画像データをダウンロードした後に、「0」「3」「6」の3種類の数字について、合計600個のデータを抽出した上で、モノクロ2階調の画像データに変換しています。[07EM-04] を実行したところで、**図7.5**のような変換後の画像のサンプルが表示されます。

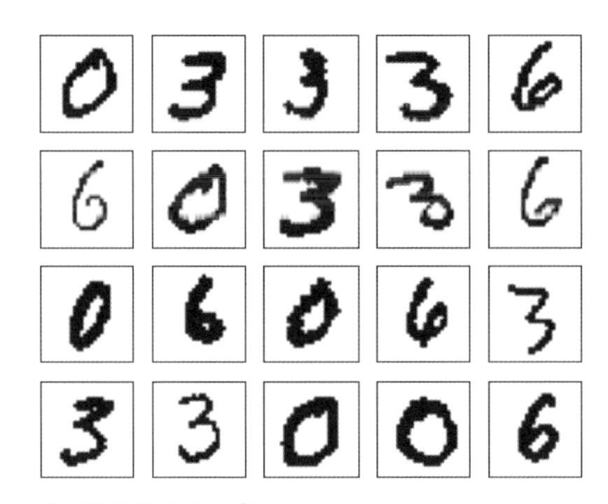

図7.5　抽出した手書き数字画像のサンプル

続いて、[07EM-05] から [07EM-08] までを実行します。ここでは、3種類の画像生成器を乱数で生成した上で、(7.15) ～ (7.17) の手続きを一度だけ実行します。[07EM-07] と [07EM-08] を実行したところで、**図7.6**のような結果が表示されます。ここでは、確率を表すベクトル $\boldsymbol{\mu}_k$ の各成分の値をグレイスケール画像の色の濃淡に変換して表示しています。

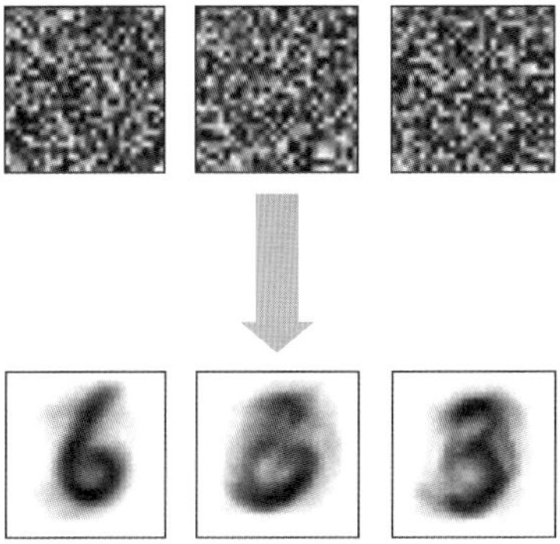

乱数で生成した
「画像生成器」

EMアルゴリズムの
手続きを一度だけ実施

図7.6 EMアルゴリズムによる画像生成器の更新

この結果を見ると、乱数で生成したモザイク状の画像がたった一度の更新で数字らしい形に変わっており、少し驚くかもしれません。この点については、後ほど解説することにして、ここでは、さらにノートブックの実行を進めます。`[07EM-09]` から `[07EM-11]` までを実行すると、**図7.7**のような結果が表示されます。ここでは、3種類の画像生成器をあらためて乱数で生成した上で、(7.15)～(7.17) の手続きを10回繰り返しています。繰り返しごとに、画像生成器が更新されていく様子が確認できます。

最終的に得られた結果を見ると、トレーニングセットに含まれる3種類の数字「0」「3」「6」のそれぞれを代表するような画像になっていることがわかります。最終的に得られた3つの画像生成器を利用すると、トレーニングセットに含まれる画像データを3つのクラスターに分類することができます。先ほどの (7.15) を用いると、特定の画像データ $\mathbf{x}_n$ について、それぞれの画像生成器（すなわち、それぞれの画像生成器が代表するクラスター）に所属する割合が計算できるので、この割合が最も大きいクラスターに分類します。

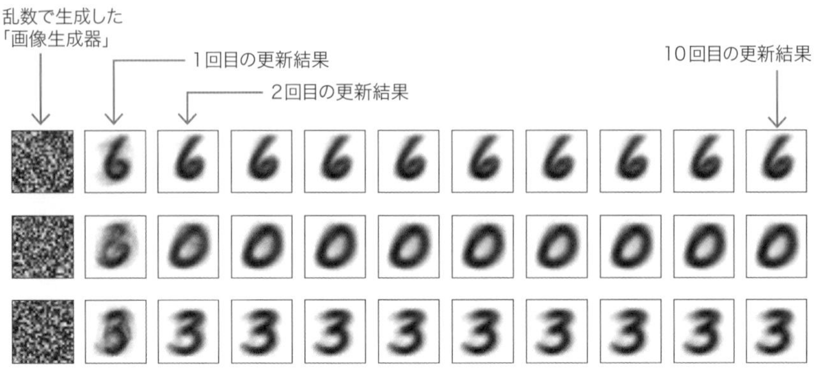

図7.7 画像生成器が更新されていく様子

次のセル [07EM-12] を実行すると、**図7.8**のように、実際の分類結果が表示されます。左端は最終的に得られた画像生成器で、その右に、それぞれの画像生成器が代表するクラスターに分類された画像データの一部をサンプルとして表示しています。一部、誤って分類されている画像もあるようですが、ほとんどの画像が正しく分類されているようです。ただし、EMアルゴリズムは、最初に用意する画像生成器によって結果が変わります。ノートブックのセル [07EM-10] ～ [07EM-12] を繰り返し実行すると、実行ごとに異なる結果が得られます。

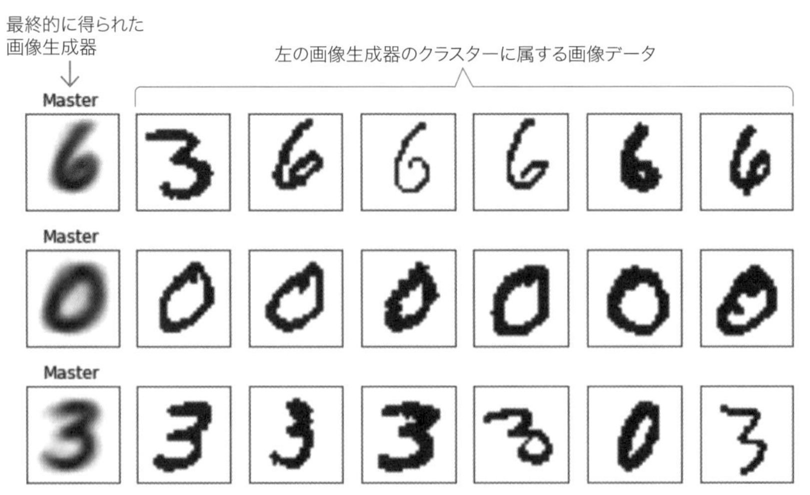

図7.8 手書き文字画像の分類結果

まずはこれで、EMアルゴリズムによるクラスタリングの結果が得られました。ここで、**図7.7**の結果を見ながら、「EMアルゴリズムによって何が起きているのか」をあらためて考えてみます。

まず、新たな画像生成器を合成する手続きとなる(7.16)は、「現在の画像生成器に所属する割合」で、トレーニングセットの画像を合成するものでした。たとえば、**図7.7**の左端の3つの画像生成器は、ランダムに作成したもので、見た目には違いがわかりませんが、1回目の更新結果を見ると、上段の画像生成器からは「6」に似た画像生成器が作られています。これは、偶然の結果として、この画像生成器に対しては、「6」の手書き数字の画像が所属する割合が高かったものと想像されます。

そして、ここから、2回目の更新が行われるとどうなるでしょうか？ 1回目に得られた画像生成器は「6」に似ていますので、当然ながら、「6」の画像が所属する割合はさらに高くなっており、2回目には、よりはっきりした「6」が合成されます(**図7.9**)。

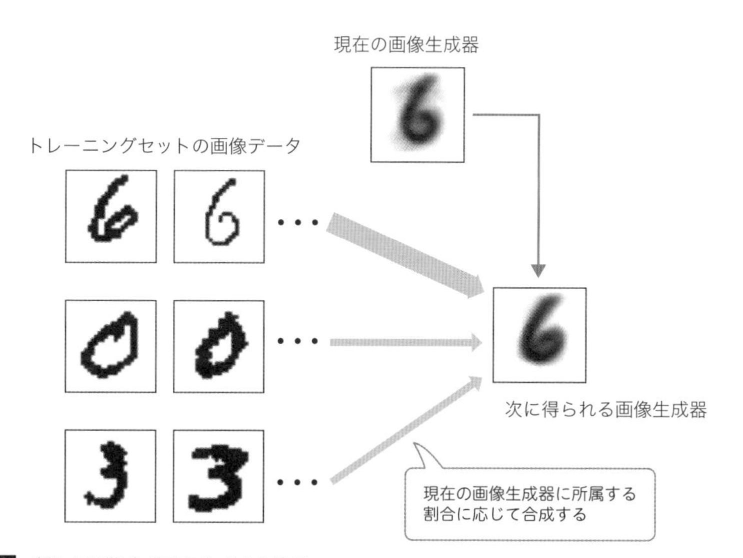

図7.9 新たな画像生成器を合成する様子

このようにして、EMアルゴリズムで更新を繰り返していくことにより、それぞれの画像生成器は、特定の文字だけを選択的に合成した図形へと近づいていきます。どの画像生成器が、どの文字に近づいていくかは、最初にランダムに生成した内容で決まります。ちなみに、先ほどの**図7.6**では、初回の更新で、いきなり数字らしい形に変化する点を指摘しました。はじめの画像生成器は、あくまで乱数で生成したでたらめな画像ですが、更新後の画像生成器は、トレーニングセットの画像データを合成したものである点に注意してください。この際、最初に用意したそれぞれの画像生成器の微妙な違いにより、それぞれに異なる数字が集められたものと考えられます。

図7.6をよく見ると、中央の画像生成器は、1回目の更新後もまだ、複数の種類の数字が入り混じっているようです。しかしながら、左右の画像生成器は、それぞれ「6」と「3」に近い状態になっており、ここからさらに更新を繰り返すと、トレーニングセットに含まれる「6」と「3」の画像は、左右の画像生成器に所属する割合が大きくなっていき、結果として、中央の画像生成器は残った「0」に近づいていくことが想像できます。

7.2.4 クラスタリングによる探索的データ分析

先ほどのサンプルコードの実行結果である、**図7.8**において、正しく分類できていない画像データに注目してみます。たとえば、右下（最下段の右から2つ目）にある「0」は、誤って「3」のクラスターに分類されています。なぜ、このような誤りが発生したのでしょうか？　前述のように、**図7.8**の分類は、(7.15)に基づいています。それぞれの画像生成器から、該当の画像データが得られる確率を計算して、その確率が最も大きいものに分類します。つまり、**図7.8**の右下にある「0」は、中段の画像生成器よりも、下段の画像生成器から得られる確率の方が高いというわけです。

これは、文字の「形」に注目すると理解できます。この誤って分類された「0」は縦に細長い形をしていますが、中段の画像生成器は、もう少し幅の広い、真円に近い形をしています。一方、下段の画像生成器は、全体として縦長の形をしているので、こちらから生成される確率の方が大きくなったものと想像されます。

これは、言い換えると、手書き文字の「0」には、縦長のものと、真円に近いものの2種類があると考えることもできます。そこで、実験として、4種類の画像生成器を用いて分類を行ってみます。前項では、ノートブック「07-em_algorithm.ipynb」のサンプルコードを [07EM-12] のセルまで実行しました。ここから続けて、[07EM-13] から [07EM-15] のセルを実行します。

この部分では、画像生成器の個数、すなわち、分類するクラスター数を4にして、先ほどと同様の処理を行います。最終的な分類結果として、**図7.10**のような結果が得られました。先に述べた、2種類の「0」がうまく分離されていることがわかります。手書き文字の「0」には、2種類のものが存在するという仮説が裏付けられたようにも思われます。

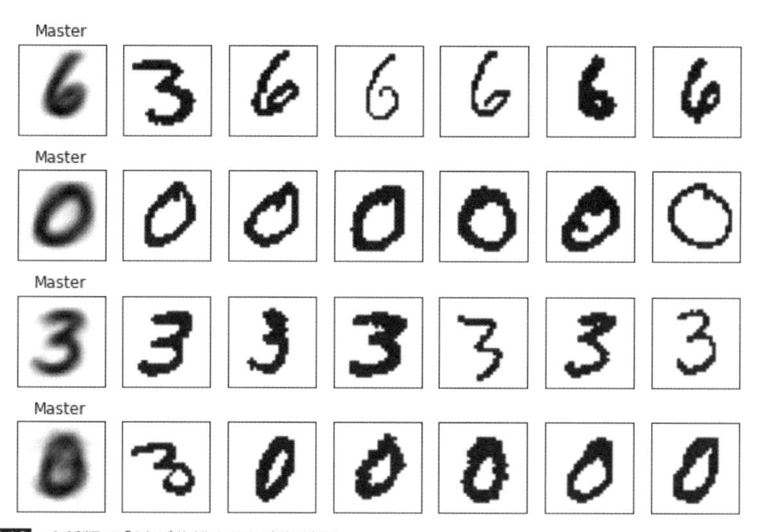

図7.10 2種類の「0」が分離された実行結果

しかしながら、EMアルゴリズムは、毎回同じ結果が得られるとは限らないので、注意が必要です。[07EM-13] ～ [07EM-15] をもう一度実行すると、今度は、**図7.11**のような結果が得られました。今回は、左右の方向に傾いた2種類の「3」が分離されています。右に傾いた「3」には、縦長の「0」も混在しているように思われます。

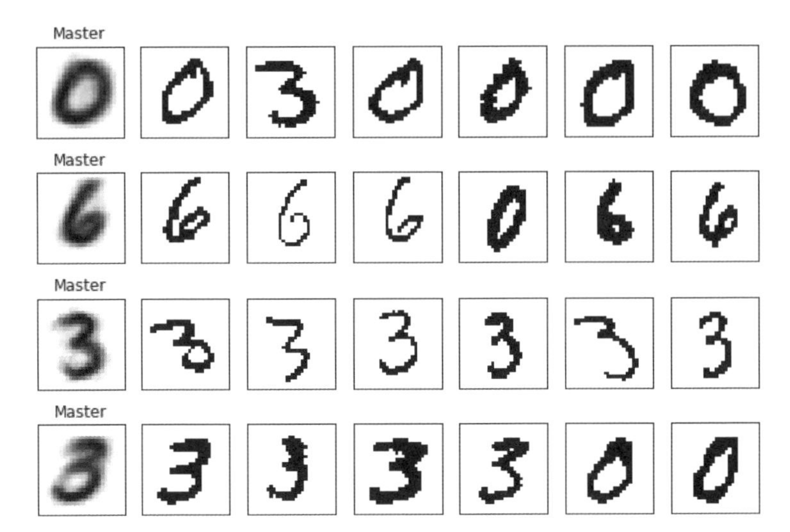

図7.11 2種類の「3」が分離された実行結果

このように、クラスタリングを使用する際は、指定するクラスター数を変えながら、何度か実行することで、トレーニングセットの特徴を探索していく必要があります。これは、得られた結果を評価するための「正解ラベル」が存在しない、教師なし学習の特徴でもあります。

さらに、クラスタリングで得られた結果をどのように判断するかは、利用者の主観が入ることもあります。たとえば、**図7.10**の結果だけをもって、2種類の「0」が存在することが「客観的に証明された」と考えるのは、適切ではありません。クラスター数を変えたり、分析対象のトレーニングセットを絞り込めば、どのような仮説であっても、それを都合よく説明する結果が得られる可能性があるためです。

このような点が理解できていないと、特定の条件下で得られたクラスタリングの結果について、それが絶対的に正しいものと思い込んで利用してしまう恐れもあります。機械学習のアルゴリズムは、それぞれの理論的背景や特徴を理解した上で活用することが大切です。

第8章

ベイズ推定：データを元に「確信」を高める手法

第8章 ベイズ推定：データを元に「確信」を高める手法

本章では、ベイズ推定を回帰分析に応用する方法を解説します。これまでの章では、回帰分析をはじめとするさまざまなアルゴリズムを構築するにあたり、次に示す「パラメトリックモデルの3つのステップ」をガイドラインにしてきました。

(1) パラメーターを含むモデル（数式）を設定する
(2) パラメーターを評価する基準を定める
(3) 最良の評価を与えるパラメーターを決定する

これまで、(2) のステップにおいて、パラメーターを評価する基準としては、大きく2つの方法が登場しました。1つは誤差を定義して、誤差を最小にするようにパラメーターを決める方法で、もう1つは「トレーニングセットが得られる確率」である尤度関数を定義して、これを最大にするようにパラメーターを決める方法（最尤推定法）です。

そして、本章で登場するベイズ推定は、これらとは異なる新しいパラメーターの評価方法です。パラメーターそのものについても、「それぞれの値をとる確率」を定義するというユニークなアプローチになります。ベイズ推定の考え方から始めて、ベイズ推定の基礎となるベイズの定理、そして、回帰分析への応用までを解説していきます。

8.1 ベイズ推定モデルとベイズの定理

これまでに、確率を用いた機械学習のモデルとして、第3章で解説した最尤推定法を利用してきました。ベイズ推定も、これと同様に確率を利用したモデルで、最尤推定法のある種の拡張と考えることができます。ここでは、最尤推定法とベイズ推定の考え方の違い、そして、ベイズ推定の基礎となるベイズの定理を解説します。また、簡単な例として、第3章の「3.2 単純化した例による解説」で取り上げた、正規分布の平均と分散を推定する問題にベイズ推定を適用してみます[*36]。

8.1.1 ベイズ推定の考え方

最尤推定法とベイズ推定の最大の違いは、ベイズ推定においては、「パラメーター w の値が確率的に予測される」という点になります。最尤推定法の手続きを思い出すと、はじめに、あるデータが得られる確率 $P(x)$ を表す数式を用意しました。この数式には、未知のパラメーター w が含まれており、この w を決定することがゴールとなります。そして、先ほどの確率 $P(x)$ に基づいて、「トレーニングセットとして与えられたデータが得られる確率」を計算した上で、これを最大にするという条件で w の値を決定しました。当然ながら、最終的に w の値は1つに決まります。

一方、ベイズ推定の場合は、パラメーター w の値を1つに決めることはしません。パラメーター w は、さまざまな値をとる可能性があると考えて、それぞれの値をとる確率を計算します。イメージとしては、**図8.1**のようになります。最尤推定法では、パラメーターの値を1つに断言するのに対して、ベイズ推定では、確率的に答えを出す形になります。

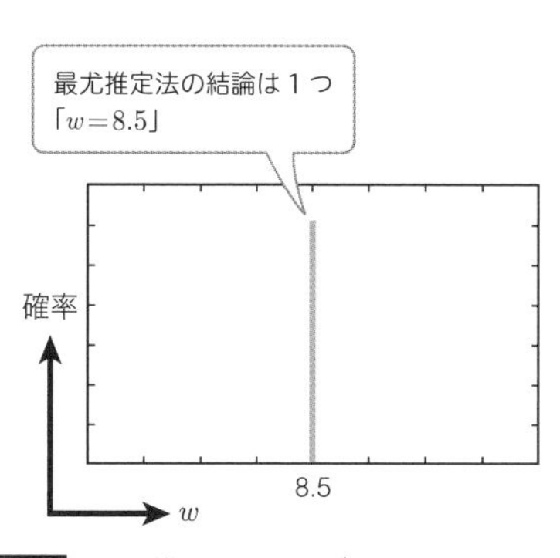

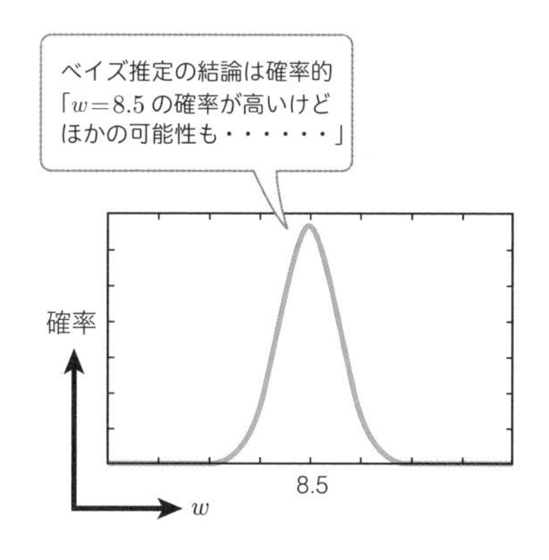

図8.1 最尤推定法とベイズ推定の違い

＊36 正確には、計算を簡単にするために、分散は最初からわかっているものとして、平均のみを推定します。

この時、トレーニングセットとして与えられたデータを用いて、「確率を更新する」という処理を行います。まず、学習処理を行う前は、パラメーターwの値はいくらなのかまったく見当がつかないので、**図8.2**「学習前」のように、すべての値が同じ確率になっています。一方、トレーニングセットとして与えられたデータに基づいて学習処理を実施すると、**図8.2**「学習後」のように、新たに更新された確率が得られます。

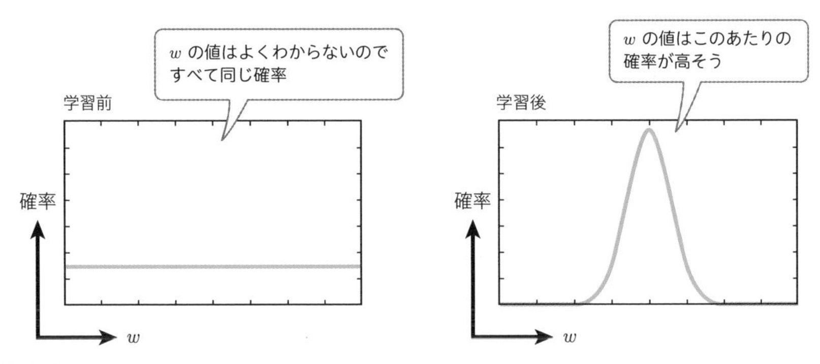

図8.2 トレーニングセットを使って確率を更新

そして、パラメーターwの確率を更新するのに使用するのが、この次に説明する「ベイズの定理」になります。

8.1.2 ベイズの定理入門

ここでは、先ほどの「パラメーターの確率」という考え方は、いったん忘れて、一般的な確率の計算方法について話をします。ベイズの定理は、「前提条件がない場合に事象Yが起こる確率$P(Y)$」がわかっているとして、「ある条件Xを前提とした場合の確率$P(Y \mid X)$」を求める際に使用します。これらの記号の意味を説明するために、次のような簡単な問題を考えてみます。

問題

ランダムにボールが1つ出る玩具があります。玩具の中には、大小／白黒のボールが**図8.3**のように入っています。

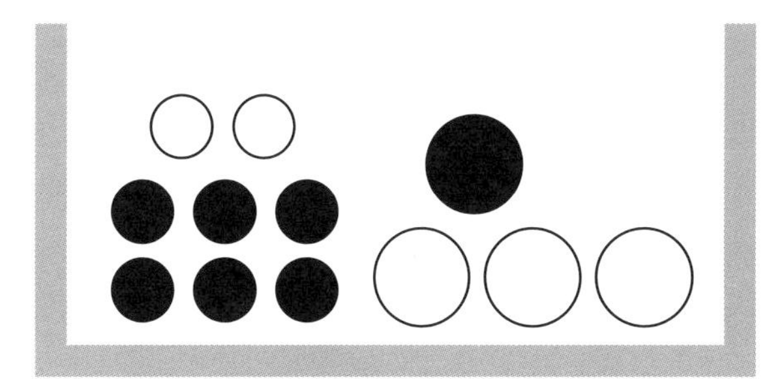

図8.3 ランダムにボールが出る玩具の確率

(1) 出たボールが「黒」である確率を計算しなさい
(2) 出たボールが「大きい方」だとわかっている場合、そのボールが「黒」である確率を計算しなさい
(3) 出たボールが「大きな黒」である確率を計算しなさい

まず、ボールは全部で12個あり、その中で黒いボールは7個です。したがって、(1) の解答は次のように書けます。

$$P(\text{黒}) = \frac{7}{12} \tag{8.1}$$

続いて、大きいボールは全部で4個あり、その中で黒いボールは1個です。したがって、(2) の解答は次になります。

$$P(\text{黒} \mid \text{大}) = \frac{1}{4} \tag{8.2}$$

一般に、確率の計算をする場合は、「考えている事象Yの場合の数」÷「全体の場合の数」で計算しますが、何らかの前提条件を付けることで、「全体の場合の数」を制限できます。このように、条件Xで全体の場合の数を制限した際に、事象Yが発生する確率を「条件付き確率」と呼び、$P(Y \mid X)$という記号で表します。

一方、(3) の問題は、条件付き確率ではないことに注意が必要です。全体で12個あるボールの中で、「大きく」かつ「黒い」ボールは1個ですので、(3)の解答は次のようになります。このような確率は、「同時確率」と呼びます。

$$P(黒, 大) = \frac{1}{12} \tag{8.3}$$

ここで、一歩踏み込んで、(8.2)と(8.3)の関係について考えてみます。(8.2)と(8.3)を言葉で書くと、次のようになります。

$$P(黒 \mid 大) = 「黒かつ大」の数 \div 「大」の数 \tag{8.4}$$

$$P(黒, 大) = 「黒かつ大」の数 \div 「全体」の数 \tag{8.5}$$

右辺の分子はどちらも同じですので、両辺を割り算すると分子がキャンセルして、次の計算が成り立ちます。

$$\frac{P(黒, 大)}{P(黒 \mid 大)} = 「大」の数 \div 「全体」の数 = P(大) \tag{8.6}$$

分母を払うと、次のようになります。

$$P(黒, 大) = P(黒 \mid 大)P(大) \tag{8.7}$$

同じように考えると、次の関係が成り立つこともわかります。「黒」と「大」を入れ替えて、先ほどと同じ計算をしてください。

$$P(黒, 大) = P(大 \mid 黒)P(黒) \tag{8.8}$$

これを一般化すると、次の関係が成り立ちます。

$$P(X, Y) = P(X \mid Y)P(Y) = P(Y \mid X)P(X) \tag{8.9}$$

そして、(8.9)の2つ目の等式を次のように変形すると、「ベイズの定理」が得られます。

$$P(Y \mid X) = \frac{P(X \mid Y)}{P(X)}P(Y) \tag{8.10}$$

この関係式が何の役に立つかは後で説明することにして、ここで、もう1つだけ公式を示しておきます。先ほどの玩具の例に戻ると、たとえば、次の関係が成り立ちます。

$$P(\text{黒}, \text{大}) + P(\text{黒}, \text{小}) = P(\text{黒}) \tag{8.11}$$

これは、具体的に計算してもわかりますし、あるいは、言葉で書いてもすぐにわかります。次の関係式の両辺を「全体の数」で割ると、上記の関係が得られます。

$$\text{「黒かつ大」の数} + \text{「黒かつ小」の数} = \text{「黒」の数} \tag{8.12}$$

これは、一般には次のように表現されます。和の記号$\sum$は、あらゆる場合のYについて合計することを示します[*37]。

$$P(X) = \sum_Y P(X, Y) \tag{8.13}$$

さらに、(8.9)を用いると、次が得られます。

$$P(X) = \sum_Y P(X \mid Y)P(Y) \tag{8.14}$$

(8.13)、および、(8.14)を「周辺確率の公式」と呼びます。最後に、ベイズの定理(8.10)の分母に(8.14)を代入すると、次が得られます。

$$P(Y \mid X) = \frac{P(X \mid Y)}{\sum_{Y'} P(X \mid Y')P(Y')} P(Y) \tag{8.15}$$

(8.15)の右辺を見ると、「Yである時のXの確率$P(X \mid Y)$」が含まれており、左辺には、その逆となる「Xである時のYの確率$P(Y \mid X)$」があります。このように、「条件と結果」を入れ替えた関係を計算するのが、ベイズの定理の特徴になります。

たとえば、次のような問題を考えてみます。

＊37　Yは、すべての場合を重複なく網羅する必要があります。

問題

太郎さんは、ピロリ菌に感染している恐れがあるので、ピロリ菌検査を受けました。一般に、太郎さんの年代の人がピロリ菌に感染している確率（割合）は1%です。また、ピロリ菌検査の精度は95%です。つまり、感染している人に正しく「陽性反応」が出る確率は95%で、感染していない人に正しく「陰性反応」が出る確率も95%です。

そして、太郎さんの検査結果は「陽性反応」でした。ただし、検査結果が間違っている可能性もあります。実際のところ、太郎さんがピロリ菌に感染している確率は何%でしょうか？

――いきなり「ピロリ菌」が出てきて驚いたかもしれませんが、ピロリ菌は本質ではありませんので、気にしないでください。この問題のポイントは、「ピロリ菌に感染しているかどうか」をY、「検査の結果」をXとした時に、「$Y \Rightarrow X$」の関係はよくわかっているということです。たとえば、検査の精度は95%ですので、次の関係が成り立ちます。

$$P(\text{陽性反応} \mid \text{感染}) = 0.95 \tag{8.16}$$

$$P(\text{陰性反応} \mid \text{感染}) = 0.05 \tag{8.17}$$

$$P(\text{陰性反応} \mid \text{非感染}) = 0.95 \tag{8.18}$$

$$P(\text{陽性反応} \mid \text{非感染}) = 0.05 \tag{8.19}$$

ここで、太郎さんがピロリ菌に感染している確率を知りたいわけですが、仮に検査を受ける前であれば、一般論として、感染している確率は1%になります。

$$P(\text{感染}) = 0.01 \tag{8.20}$$

$$P(\text{非感染}) = 0.99 \tag{8.21}$$

しかしながら、今の場合、検査の結果は「陽性反応」でしたので、本当に知りたいのは、$P(\text{感染} \mid \text{陽性反応})$の値です。これは、$X$（検査の結果）と$Y$（感染しているかどうか）についての「$X \Rightarrow Y$」という関係です。そこで、ベイズの定理（8.15）を用いると、XとYの関係をひっくり返して計算できます。具体的には、次の計算になります。

$$P(\text{感染}\mid\text{陽性反応}) = \frac{P(\text{陽性反応}\mid\text{感染})}{P(\text{陽性反応}\mid\text{感染})P(\text{感染}) + P(\text{陽性反応}\mid\text{非感染})P(\text{非感染})}P(\text{感染}) \tag{8.22}$$

(8.22)の右辺に含まれる確率は、(8.16) (8.19) (8.20) (8.21)として、すべて与えられているので、これらを代入して計算ができます。結果は、次のようになります。これから、太郎さんが感染している確率は16%とわかります。

$$P(\text{感染}\mid\text{陽性反応}) = \frac{0.95}{0.95\times 0.01 + 0.05\times 0.99}\times 0.01 \fallingdotseq 0.16 \tag{8.23}$$

95%の精度を持つ検査が「陽性反応」であったにしては、感染している確率が低いような気もします。これは、「5.2.1 ロジスティック回帰の現実問題への応用」で、真陽性率/偽陽性率を把握するために使った、**図5.8**と同様の図を描くと理解できます。

今の場合は、**図8.4**のようになります。検査を受ける前は、太郎さんは、**図8.4**のどこに入るかはまったくわかりません。そのため、陽性(感染)の確率は、全体における陽性部分の割合として、1%になります。一方、検査結果が「陽性反応」とわかっている場合、太郎さんは、「真陽性(TP)」、もしくは、「偽陽性(FP)」のどちらかに入ります。したがって、陽性である確率は、次式で計算されます。

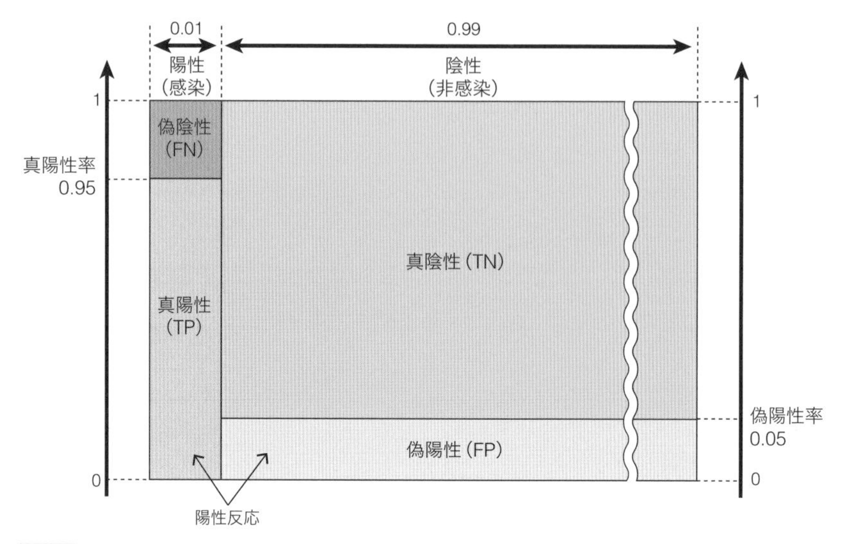

図8.4 真陽性率と偽陽性率の関係

$$「真陽性（TP）」 \div (「真陽性（TP）」 + 「偽陽性（FP）」) \tag{8.24}$$

図8.4からもわかるように、もともと「陰性（非感染）」の割合が99%と大きいため、「真陽性（TP）」に比べて、「偽陽性（FP）」の割合が大きくなり、(8.24)で計算される確率は、16%程度に抑えられるというわけです。

この例のように、前提条件を与えて考える範囲を制限すると、確率の値が変化します。この性質を利用して、確率の値を修正していくという考え方が「ベイズ推定」の基礎となります。ここで言う「確率」は、「確信度」と言い換えてもよいかもしれません。何もわからない状態から出発して、新たな事実を付け加えることで、「確信度」を高めていこうというわけです。

8.1.3 ベイズ推定による正規分布の決定：パラメーター推定

ここでは、第3章の「3.2 単純化した例による解説」で取り上げた、正規分布の平均と分散を推定する問題にベイズ推定を適用してみます。この際、「ベイズの定理を用いて確率を更新する」という操作をパラメーターwの確率に適用します。ただし、ここでは簡単のために、分散σ^2の値は事前にわかっているものとして、平均μのみを推定します[*38]。つまり、平均μが推定するべきパラメーターwに相当します。

まず、平均の値が未知の正規分布があるとして、ここから得られたN個の観測値$\{t_n\}_{n=1}^N$をトレーニングセットとします。ここでは、トレーニングセットのデータをまとめて、$\mathbf{t} = (t_1, \cdots, t_N)^{\mathrm{T}}$と表します。仮に、平均$\mu$がわかっているとすれば、ある特定の$t_n$が得られる確率は、次式で計算されます。

$$\mathcal{N}(t_n \mid \mu, \sigma^2) = \frac{1}{\sqrt{2\pi\sigma^2}} e^{-\frac{1}{2\sigma^2}(t_n - \mu)^2} \tag{8.25}$$

したがって、トレーニングセット$\mathbf{t}$の全体が観測される確率は、次式になります。

$$\begin{aligned} P(\mathbf{t} \mid \mu) &= \mathcal{N}(t_1 \mid \mu, \sigma^2) \times \cdots \times \mathcal{N}(t_N \mid \mu, \sigma^2) \\ &= \prod_{n=1}^{N} \mathcal{N}(t_n \mid \mu, \sigma^2) \end{aligned} \tag{8.26}$$

ここで、$P(\mathbf{t} \mid \mu)$という表式は、「8.1.2 ベイズの定理入門」で説明した、「条件付き確率」になっている点に注意してください。μの値にはさまざまな可能性があるわけですが、「ある特定の値だとわかっている」という前提で、確率を考えているということです。「取り出したボールは大きいとわかっている」という前提で、「ボールが黒である確率P(黒 | 大)」を計算したのと同じことです。

そして、この条件付き確率をベイズの定理(8.15)にあてはめると、次の関係式が得られます。

$$P(\mu \mid \mathbf{t}) = \frac{P(\mathbf{t} \mid \mu)}{\int_{-\infty}^{\infty} P(\mathbf{t} \mid \mu') P(\mu')\, d\mu'} P(\mu) \tag{8.27}$$

(8.15)の分母には、あらゆる場合のYについて合計するという意味の和の記号$\sum$がありました。ここでは、μは連続的に変化するパラメーターですので、和の代わりに、積分を用いています。

＊38 平均と分散の両方を推定する場合の計算については、「8.3 付録 — 最尤推定法とベイズ推定の関係」に補足説明があります。

ところで、(8.27) は、いったい何を計算しているのでしょうか？　これは、観測データ $\mathbf{t}$ に基づいて、パラメーター μ の確率を $P(\mu)$ から $P(\mu \mid \mathbf{t})$ に更新していると考えてください。観測データを取得する前は、パラメーター μ の値が何かはまったくわかりませんので、確率 $P(\mu)$ は、先ほどの**図8.2**の「学習前」のように、フラットな形になります。

ただし、数学的には、連続変数 μ に対して、完全にフラットな定数値の確率を定義することはできません。そこでいったん、平均 μ_0、分散 σ_0^2 の正規分布を仮定します。

$$P(\mu) = \mathcal{N}(\mu \mid \mu_0, \sigma_0^2) \tag{8.28}$$

これは、$\mu = \mu_0$ を中心として、$\pm\sigma_0$ の幅に広がる確率ですので、計算の最後に $\sigma_0 \to \infty$ の極限をとります。これにより、フラットな確率を使用したのと同じことになります。**図8.5**は、σ_0 の値を大きくしていった場合の (8.28) のグラフの変化を表します。

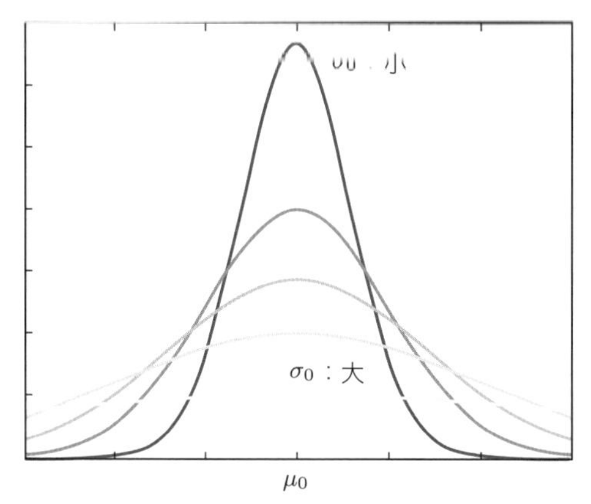

図8.5　分散を大きくしてフラットな確率を表現する様子

そして、(8.26) (8.28) を (8.27) に代入すると、$P(\mu \mid \mathbf{t})$ が計算されます。これは、「トレーニングセット $\mathbf{t}$ が観測された」ということがわかっている場合の μ の確率です。**図8.2**の「学習後」のように、観測事実に基づいて、よりもっともらしい確率が得られたことになります。

なお、(8.27)の関係式において、$P(\mu)$を「事前分布」、$P(\mu \mid \mathbf{t})$を「事後分布」と呼びます。それぞれ、トレーニングセットを観測する前の確率、観測した後の確率、という意味になります。それでは、実際に(8.27)を計算してみましょう。

数学徒の小部屋

(8.27)を計算するにあたっては、右辺の分母はμに依存しない定数になっていることに注意します。これをZと表記します。

$$Z = \int_{-\infty}^{\infty} P(\mathbf{t} \mid \mu')P(\mu')\,d\mu' \tag{8.29}$$

次のように書くと、Zは、確率$P(\mu \mid \mathbf{t})$の正規化定数にすぎないことがわかります。

$$P(\mu \mid \mathbf{t}) = \frac{1}{Z}P(\mathbf{t} \mid \mu)P(\mu) \tag{8.30}$$

正規化定数とは、「全確率が1になるという条件を満たすための定数」という意味です。ここでは、Zの具体的な値は気にせずに、分子にある$P(\mathbf{t} \mid \mu)P(\mu)$の計算を進めると、(8.30)がどのような確率分布であるかがわかります。

まず、(8.26)と(8.28)を用いると、(8.30)は次のように計算されます。

$$P(\mu \mid \mathbf{t}) = \frac{1}{Z}\prod_{n=1}^{N}\mathcal{N}(t_n \mid \mu,\, \sigma^2) \times \mathcal{N}(\mu \mid \mu_0,\, \sigma_0^2) \tag{8.31}$$

このように、複数の正規分布を掛け合わせたものは、再び正規分布になることが知られています。実際に計算すると、次のようになります。計算を簡単にするために、次の記号を使用します。

$$\beta = \frac{1}{\sigma^2} \tag{8.32}$$

$$\beta_0 = \frac{1}{\sigma_0^2} \tag{8.33}$$

まず、(8.31)に正規分布の確率密度を代入すると、次のようになります。ここで、Constは、μに依存しない定数を表します。

$$P(\mu \mid \mathbf{t}) = \mathrm{Const} \times \exp\left\{-\frac{\beta}{2}\sum_{n=1}^{N}(t_n - \mu)^2 - \frac{\beta_0}{2}(\mu - \mu_0)^2\right\} \tag{8.34}$$

(8.34)の指数関数の中身は、μについての2次関数になっていますので、次のように、μについて平方完成できます。ここで再び、Constは、μに依存しない定数です。

$$
\begin{aligned}
&-\frac{\beta}{2}\sum_{n=1}^{N}(t_n-\mu)^2-\frac{\beta_0}{2}(\mu-\mu_0)^2 \\
&=-\frac{1}{2}(N\beta+\beta_0)\mu^2+\left(\beta\sum_{n=1}^{N}t_n+\beta_0\mu_0\right)\mu+\mathrm{Const} \\
&=-\frac{N\beta+\beta_0}{2}\left(\mu-\frac{\beta\sum_{n=1}^{N}t_n+\beta_0\mu_0}{N\beta+\beta_0}\right)^2+\mathrm{Const}
\end{aligned}
\tag{8.35}
$$

一見すると複雑な式ですが、次のように記号を定義すると簡単になります。

$$\beta_N=N\beta+\beta_0 \tag{8.36}$$

$$\mu_N=\frac{\beta\sum_{n=1}^{N}t_n+\beta_0\mu_0}{N\beta+\beta_0} \tag{8.37}$$

(8.35)(8.36)(8.37)を(8.34)に代入すると、次の関係が得られます。

$$P(\mu\mid\mathbf{t})=\mathrm{Const}\times\exp\left\{-\frac{\beta_N}{2}(\mu-\mu_N)^2\right\} \tag{8.38}$$

これは、平均μ_N、分散β_N^{-1}の正規分布にほかなりません。定数部分Constは、正規分布の確率密度の表式から自動的に決まります。

結果をまとめると、$P(\mu\mid\mathbf{t})$は、平均μ_N、分散β_N^{-1}の正規分布となります。

$$P(\mu\mid\mathbf{t})=\mathcal{N}(\mu\mid\mu_N,\beta_N^{-1}) \tag{8.39}$$

ここで、下記の記号を導入しています。

$$\beta=\frac{1}{\sigma^2} \tag{8.40}$$

$$\beta_0=\frac{1}{\sigma_0^2} \tag{8.41}$$

$$\beta_N = N\beta + \beta_0 \tag{8.42}$$

$$\mu_N = \frac{\beta \sum_{n=1}^{N} t_n + \beta_0\mu_0}{N\beta + \beta_0} \tag{8.43}$$

図8.2の「学習後」では、イメージ図として、釣り鐘型のグラフを描いていますが、まさにこれと同様の確率が得られたことになります。特に、釣り鐘型の頂点、すなわち、最も確率が高いμは、(8.43) のμ_Nで与えられます。あらためて、**図8.6**に平均μの事後分布$P(\mu \mid \mathbf{t})$を示しておきます。

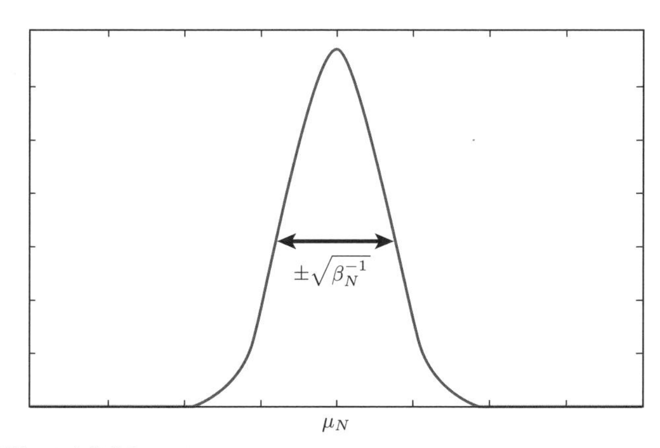

図8.6 平均μの事後分布$P(\mu \mid \mathbf{t})$

なお、先ほど(8.28)の事前分布を設定した際に、最後に$\sigma_0 \to \infty$の極限をとると言いました。(8.41)より、これは、$\beta_0 \to 0$の極限に対応します。(8.43)でこの極限をとると、次が得られます。

$$\mu_N = \frac{1}{N}\sum_{n=1}^{N} t_n \tag{8.44}$$

これは、トレーニングセットに含まれるデータの標本平均$\overline{\mu}_N$にほかなりません。第3章の「3.2.1 正規分布のパラメトリックモデル」において、最尤推定法で計算した結果(3.32)と一致しています。

ただし、今の場合は、「μの値は、$\overline{\mu}_N$の可能性が最も高い」と言っているだけで、その他の値の可能性も排除はしていません。**図8.6**の釣り鐘型の広がりは、(8.42)のβ_Nから計算される、分散β_N^{-1}で決まることを思い出してください。(8.42)で$\beta_0 \to 0$の極限をとると、次の結果が得られます。

$$\beta_N^{-1} = \frac{1}{N\beta} \tag{8.45}$$

これを見ると、トレーニングセットのデータ数Nが大きくなるほど、分散が小さくなり、**図8.6**の釣り鐘型の幅が狭まっていくことがわかります。

これは、観測したデータ数Nが少ない場合は、$\mu = \mu_N$であるという自信がなく、その周りのさまざまなμの可能性も考えられると主張していたものが、Nが増えるに従って、$\mu = \mu_N$である確信が高まっていくものと解釈できます。そして、$N \to \infty$の極限では、(8.45)の分散が0になって、**図8.1**の左のように、$\mu = \mu_N$以外の確率は0になります。つまり、最尤推定法と同じ結論になります。このような意味において、ベイズ推定は、最尤推定法の拡張と考えられるわけです。

最後に、おまけとして、(8.43)で$\beta_0 \to 0$の極限をとらない場合を考えてみます。これは、トレーニングセットのデータを観測する前の事前分布の段階において、どういう根拠かはわかりませんが、$\mu = \mu_0$の可能性が高いと主張しているようなものです。

その結果、何が起きるかと言うと、(8.43)で計算されるμ_Nは、$\overline{\mu}_N$よりもμ_0に寄った値になります。(8.43)を次のように書き直すと、μ_Nは、「$\overline{\mu}_N$とμ_0を$N\beta : \beta_0$の割合で平均した値」になっていることがわかります。

$$\mu_N = \frac{N\beta\overline{\mu}_N + \beta_0\mu_0}{N\beta + \beta_0} \tag{8.46}$$

この時、観測するデータ数Nが十分に大きくなると、事前分布の影響はなくなって、μ_Nは、$\overline{\mu}_N$に一致します。これは、言い換えると、トレーニングセットのデータが十分に得られるのであれば、事前分布は、多少は適当に設定してもかまわないということです。「8.3 付録 ― 最尤推定法とベイズ推定の関係」で説明するように、現実の問題では、事後分布(8.27)（特に

$P(\mathbf{t} \mid \mu)P(\mu)$の部分）がよく知られた関数形になるように、事前分布$P(\mu)$の関数を設定するということもよく行われます。

この後の「8.1.5 サンプルコードによる確認」では、数値計算を用いて、トレーニングセットのデータ数Nによる変化を実際に確認しています。先に結果を示すと、**図8.7**のようになります。これは、平均$\mu = 2$、分散$\sigma^2 = 1$の正規分布を用意して、ここからランダムに取得したトレーニングセットを用いて、平均μについてのベイズ推定を行っています。事前分布$P(\mu)$は、平均$\mu_0 = -2$、分散$\sigma_0^2 = 1$の正規分布としています。**図8.7**では、トレーニングセットのデータ数Nを増やしながら、(8.39)で決まる事後分布のグラフを描いています。グラフ内にある点は、トレーニングセットに含まれるデータを示しています。また、「mu」と「sigma^2」は、事後分布の平均μ_Nと分散β_N^{-1}の値を示します。

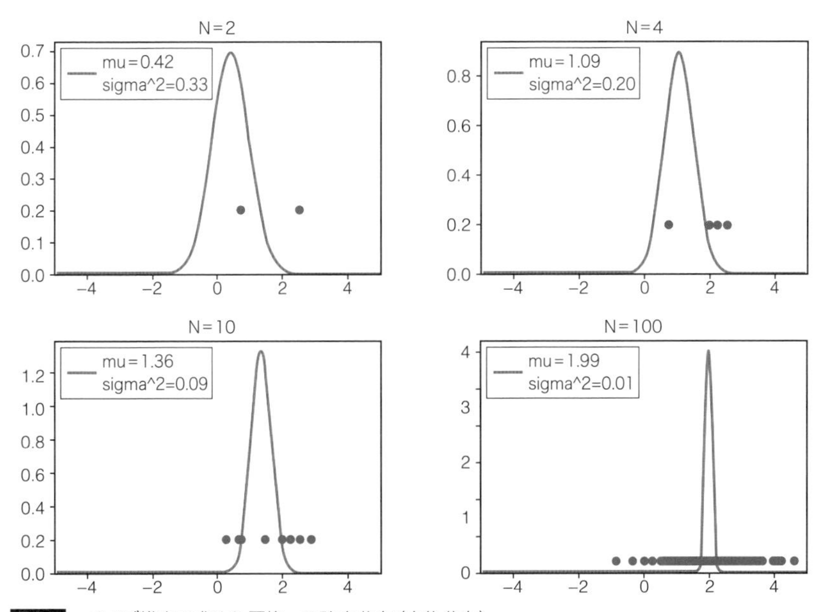

図8.7 ベイズ推定で求めた平均μの確率分布（事後分布）

これを見ると、トレーニングセットのデータが少ない場合は、事前分布の平均$\mu_0 = -2$に引きずられて、事後分布の平均（確率が最大になる点）は、真の平均$\mu=2$よりも小さいところに来ています。しかしながら、データ数が増えていくと、真の平均に近づいていきます。さらに、事後分布の分散が小さくなって、推定に対する「確信度」が上がっていくこともわかります。

8.1.4 ベイズ推定による正規分布の決定：観測値の分布の推定

ベイズ推定によって、パラメーターの値が確率として計算されることがわかりました。先ほどの例では、平均μのとり得る値に対する確率が得られました。しかしながら、本当に知りたいのは、平均μではなく、次に得られる観測データtの値です。過去のデータに基づいて、未来の予測をすることが必要なのです。

もともとの前提は、観測データは、平均μ、分散σ^2の正規分布から得られるということでした。平均μの値が1つに決まれば、次に得られるデータの値は、正規分布$\mathcal{N}(t \mid \mu, \sigma^2)$に従って予測できます。ところが、今の場合、$\mu$の値は1つには決まりません。さまざまな$\mu$の値に対する確率が、事後分布$P(\mu \mid \mathbf{t})$として与えられている状況です。

このような場合、ベイズ推定の立場では、「さまざまなμに対する正規分布$\mathcal{N}(t \mid \mu, \sigma^2)$をそれぞれの確率$P(\mu \mid \mathbf{t})$の重みで足し合わせる」という操作を行います。具体的には、「次に観測されるデータの値がtである確率」を次の積分で計算します。

$$P(t) = \int_{-\infty}^{\infty} \mathcal{N}(t \mid \mu, \sigma^2) P(\mu \mid \mathbf{t})\, d\mu \tag{8.47}$$

これは、(8.39)を代入すると、次のようになります。

$$P(t) = \int_{-\infty}^{\infty} \mathcal{N}(t \mid \mu, \beta^{-1}) \mathcal{N}(\mu \mid \mu_N, \beta_N^{-1})\, d\mu \tag{8.48}$$

ここでは、(8.40)～(8.43)の記号を用いています。具体的な計算は後で示しますが、(8.48)の積分を実行すると、結果は再び正規分布になります。

$$P(t) = \mathcal{N}(t \mid \mu_N, \beta^{-1} + \beta_N^{-1}) \tag{8.49}$$

この問題では、もともと観測データを生成する正規分布の分散は、β^{-1} であるとわかっている前提でした。それにもかかわらず、(8.49) で計算される t は、それよりも β_N^{-1} だけ大きな分散で推定しています。これは、(8.49) の平均 μ_N が、真の平均 μ と同じである自信がないということです。事後分布 $P(\mu \mid \mathbf{t})$ は、分散 β_N^{-1} の広がりを持っていたので、平均 μ_N にもその程度の誤差があると考えられます。その誤差の分だけ、大きな分散を持って、次に得られるデータ t を予測しているというわけです。

この時、トレーニングセットのデータ数 N を大きくしていくと、(8.42) より、分散 β_N^{-1} は小さくなっていきます。$N \to \infty$ の極限をとると、(8.49) の分散は β^{-1} になり、次が得られます。

$$P(t) = \mathcal{N}(t \mid \mu_N, \beta^{-1}) \tag{8.50}$$

つまり、μ_N が、真の平均 μ と同じであると自信を持って言えるので、もともとわかっている分散 β^{-1} で、次の観測データを予測できるようになります。「8.1.2 ベイズの定理入門」の最後のところでは、新たな事実を付け加えていくことで、「確信度」を高めていくのがベイズ推定だと説明しました。この説明どおりのことが、計算結果としても現れているわけです。

それでは最後に、(8.48) の積分を計算しておきます。

数学徒の小部屋

まずは、(8.48) に正規分布の確率密度を代入します。計算中、t に依存しない定数はまとめて Const で表します。

$$P(t) = \mathrm{Const} \times \int_{-\infty}^{\infty} \exp\left\{-\frac{\beta_N}{2}(\mu - \mu_N)^2 - \frac{\beta}{2}(t - \mu)^2\right\} d\mu \tag{8.51}$$

(8.51) の指数関数の中身を K として、これを μ について平方完成します。

$$\begin{aligned} K &= -\frac{\beta_N}{2}(\mu - \mu_N)^2 - \frac{\beta}{2}(t - \mu)^2 \\ &= -\frac{1}{2}(\beta_N + \beta)\mu^2 + (\beta_N \mu_N + \beta t)\mu - \frac{1}{2}(\beta_N \mu_N^2 + \beta t^2) \\ &= -\frac{\beta_N + \beta}{2}\left(\mu - \frac{\beta_N \mu_N + \beta t}{\beta_N + \beta}\right)^2 + \frac{(\beta_N \mu_N + \beta t)^2}{2(\beta_N + \beta)} - \frac{1}{2}(\beta_N \mu_N^2 + \beta t^2) \end{aligned} \tag{8.52}$$

(8.52)を(8.51)に代入すると、μに依存しない項は積分の外に出すことができて、次が得られます。

$$
\begin{aligned}
P(t) =& \mathrm{Const} \times \exp\left\{\frac{(\beta_N\mu_N+\beta t)^2}{2(\beta_N+\beta)} - \frac{1}{2}(\beta_N\mu_N^2+\beta t^2)\right\} \\
&\times \int_{-\infty}^{\infty} \exp\left\{-\frac{\beta_N+\beta}{2}\left(\mu-\frac{\beta_N\mu_N+\beta t}{\beta_N+\beta}\right)^2\right\} d\mu \qquad (8.53)
\end{aligned}
$$

ここで、最後の積分をIとすると、これは、ガウス積分の公式から、次の定数値になることがわかります。

$$
I = \int_{-\infty}^{\infty} \exp\left\{-\frac{\beta_N+\beta}{2}\left(\mu-\frac{\beta_N\mu_N+\beta t}{\beta_N+\beta}\right)^2\right\} d\mu = \sqrt{\frac{2\pi}{\beta_N+\beta}} \qquad (8.54)
$$

ガウス積分の公式は、一般に成立する次の関係を表します。これは、正規分布の全確率が1になるという関係式(1.4)と同じことを言っています。

$$
\int_{-\infty}^{\infty} \exp\left\{-\frac{\beta}{2}(x-\mu)^2\right\} dx = \sqrt{\frac{2\pi}{\beta}} \qquad (8.55)
$$

また、(8.53)の前半の指数関数の中身をJとして、これをtについて平方完成すると、次が得られます。

$$
\begin{aligned}
J &= \frac{(\beta_N\mu_N+\beta t)^2}{2(\beta_N+\beta)} - \frac{1}{2}(\beta_N\mu_N^2+\beta t^2) \\
&= -\frac{\beta_N\beta}{2(\beta_N+\beta)}t^2 + \frac{\beta_N\beta\mu_N}{\beta_N+\beta}t + \mathrm{Const} \\
&= -\frac{1}{2(\beta^{-1}+\beta_N^{-1})}(t-\mu_N)^2 + \mathrm{Const} \qquad (8.56)
\end{aligned}
$$

(8.54)(8.56)を(8.53)に反映すると、次が得られます。

$$
P(t) = \mathrm{Const} \times \exp\left\{-\frac{1}{2(\beta^{-1}+\beta_N^{-1})}(t-\mu_N)^2\right\} \qquad (8.57)
$$

これは、$P(t)$は、平均μ_N、分散$\beta^{-1}+\beta_N^{-1}$の正規分布であることを示しており、これより、(8.49)が得られます。

8.1.5 サンプルコードによる確認

ノートブック「08-bayes_normal.ipynb」を用いて、これまでの結果を数値計算で確認します。このノートブックでは、平均$\mu = 2$、分散$\sigma^2 = 1$の正規分布を用意して、ここからランダムに取得したトレーニングセットを用いて、平均μについてのベイズ推定を行います。事前分布$P(\mu)$は、平均$\mu_0 = -2$、分散$\sigma_0^2 = 1$の正規分布を用意します。正規分布から100個のデータを取得した後、ここから、先頭の2、4、10、100個をトレーニングセットとして、それぞれの場合の結果を表示します。

まず、ノートブックのセルを上から順に`[08BN-01]`から`[08BN-04]`まで実行すると、先に示した**図8.7**が表示されます。ここでは、平均μの事後分布$P(\mu \mid \mathbf{t})$のグラフを描いています。グラフ内の「mu」と「sigma^2」は、それぞれ、事後分布の平均μ_Nと分散β_N^{-1}の値を示します。グラフ内の点は、推定に使用したトレーニングセットのデータを表します。

データ数Nが少ない場合は、事前分布の平均$\mu_0 = -2$に引きずられて、真の平均$\mu = 2$よりも小さい値のμ_Nを頂点とするグラフになります。データ数Nが増えるに従い、頂点が真の平均$\mu = 2$に近づいていきます。同時に、分散β_N^{-1}が小さくなっていき、μ_Nの近くに分布が集中していきます。データ数が増えることにより、推定結果に対する「確信度」が高くなっているものと考えることができます。

続いて、`[08BN-05]`から`[08BN-06]`のセルを実行すると、**図8.8**のようなグラフが表示されます。ここでは、事後分布$P(\mu \mid \mathbf{t})$に基づいて、(8.47)から計算される「次に得られる観測データtの確率$P(t)$」のグラフを描いています。今の場合は、(8.49)の正規分布のグラフになります。実線のグラフが推定された確率$P(t)$で、破線のグラフはトレーニングセットを取得した真の分布を表します。破線のグラフ上の点は、推定に使用したトレーニングセットのデータを示します。グラフ内の「mu」と「sigma^2」は、それぞれ、確率$P(t)$の平均μ_Nと分散$\beta^{-1} + \beta_N^{-1}$の値を示します。

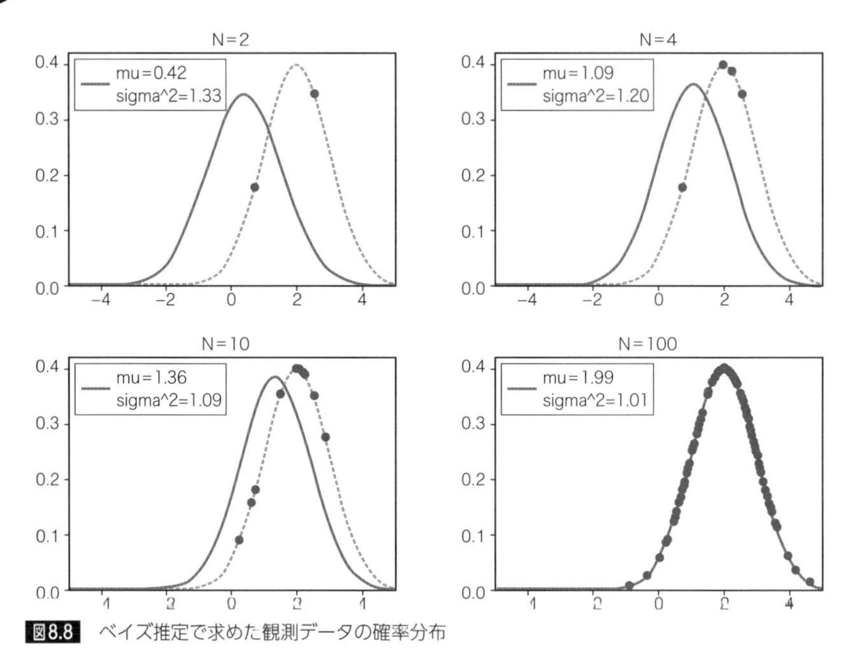

図8.8 ベイズ推定で求めた観測データの確率分布

確率$P(t)$は、事後分布の平均μ_Nを中心としたグラフになっていますが、データ数Nが少ない場合は、真の分布よりも分散が大きく広がっています。推定された平均μ_Nは、真の平均μからずれているわけですが、その分だけ分散を大きくとることで、誤りを補正していると考えることができます。

このように、ベイズ推定の枠組みにおいては、パラメーターの推定結果を「事後分布」として表現することで、単一の推定値を提供する最尤推定法よりも、さらに柔軟な推定が可能になります。

8.2 ベイズ推定の回帰分析への応用

ここでは、「1.3.1 回帰分析による観測値の推測」の[例題1]に、ベイズ推定を適用します。これまで、最小二乗法と最尤推定法をこの問題に適用してきましたが、これらとの違いを比較することで、ベイズ推定の特性を明らかにしてみます。

なお、途中の計算は非常に複雑になるため、一部、計算過程を省略しています。計算そのものよりも「どのような考え方で、何を計算しているのか」という点を理解するようにしてください。

8.2.1 パラメーターの事後分布の計算

ベイズ推定の手続きをあらためて整理します。はじめは、最尤推定法と同様に、ある観測データが取得される確率を設定します。この際、確率を表す数式には、未知のパラメーターが含まれています。

今の場合は、「3.1.1「データの発生確率」の設定」で用いた、(3.5) (3.6) を使用します。これは、観測点x_nにおける観測値tの確率を表す数式になります。正規分布の分散は、$\sigma^2 = \beta^{-1}$としています。

$$\mathcal{N}(t \mid f(x_n),\, \beta^{-1}) = \sqrt{\frac{\beta}{2\pi}} e^{-\frac{\beta}{2}\{t - f(x_n)\}^2} \tag{8.58}$$

$$f(x) = \sum_{m=0}^{M} w_m x^m \tag{8.59}$$

観測点xと観測値tの間には、(8.59) で与えられるM次多項式の関係があり、観測値tは、$f(x)$を中心とする分散β^{-1}の正規分布で散らばるというモデルです。多項式の係数$\{w_m\}_{m=0}^{M}$が未知のパラメーターになります。ここでは、これらをまとめたベクトルを$\mathbf{w} = (w_0, \cdots, w_M)^{\mathrm{T}}$とします。また、計算を簡単にするために、正規分布の分散β^{-1}については、特定の値が最初からわかっているものとします。[例題1] の場合であれば、標準偏差0.3という前提でしたので、分散は$\beta^{-1} = 0.3^2$になります。

最尤推定法の場合は、トレーニングセットのデータが得られる確率、すなわち、尤度関数を最大にするという条件から未知のパラメーター$\mathbf{w}$の値を決定しました。一方、ベイズ推定の場合は、$\mathbf{w}$の値を1つに決めることはしません。モデルに含まれるパラメーター$\mathbf{w}$は、さまざまな値の可能性があると考えて、それぞれの値に対する確率を考えます。

はじめに、何も前提条件がない場合の確率として、事前分布$P(\mathbf{w})$を設定します。前節の議論より、トレーニングセットのデータ数Nが十分に多い場合は、ある程度、適当に決めても構いません。ここでは、平均$\mathbf{0}$、分散

α^{-1}の正規分布を仮定します。

$$P(\mathbf{w}) = \mathcal{N}(\mathbf{w} \mid \mathbf{0}, \alpha^{-1}\mathbf{I}) = \left(\frac{\alpha}{2\pi}\right)^{\frac{M+1}{2}} \exp\left(-\frac{\alpha}{2}\mathbf{w}^{\mathrm{T}}\mathbf{w}\right) \tag{8.60}$$

ここで、(8.60)は多変数の正規分布になっている点に注意してください。一般的な定義は、「1.3.1 回帰分析による観測値の推測」の(1.8)に示したとおりです。(8.60)は、(1.8)において、$\mathbf{x} = \mathbf{w}$、$\boldsymbol{\mu} = \mathbf{0}$、$N = M+1$、$\boldsymbol{\Sigma} = \alpha^{-1}\mathbf{I}$とおいた形になっており、それぞれの$w_m$が、平均0、分散$\alpha^{-1}$の独立な正規分布に従うことを表します。

次に、パラメーター$\mathbf{w}$が決まっているとした場合に、トレーニングセットの観測値$\mathbf{t} = (t_1, \cdots, t_N)^{\mathrm{T}}$が得られる確率を考えます。これは、最尤推定法における尤度関数と同じもので、今の場合、「3.1.2 尤度関数によるパラメーターの評価」で用いた、(3.25)と同じものになります。

$$\begin{aligned} P(\mathbf{t} \mid \mathbf{w}) &= \mathcal{N}(t_1 \mid f(x_1), \beta^{-1}) \times \cdots \times \mathcal{N}(t_N \mid f(x_N), \beta^{-1}) \\ &= \prod_{n=1}^{N} \mathcal{N}(t_n \mid f(x_n), \beta^{-1}) \\ &= \left(\frac{\beta}{2\pi}\right)^{\frac{N}{2}} \exp\left[-\frac{\beta}{2}\sum_{n=1}^{N}\{f(x_n) - t_n\}^2\right] \end{aligned} \tag{8.61}$$

ただし、ここでは、パラメーター$\mathbf{w}$が決まっているという前提での条件付き確率としてとらえている点に注意してください。そして、(8.61)の指数関数の中には、最小二乗法で用いた誤差関数E_Dと同じものが含まれています。E_Dは、(8.59)を通して、$\mathbf{w}$の関数になっている点に注意してください。

$$E_D(\mathbf{w}) = \frac{1}{2}\sum_{n=1}^{N}\{f(x_n) - t_n\}^2 \tag{8.62}$$

したがって、(8.61)は次のようにまとめられます。

$$P(\mathbf{t} \mid \mathbf{w}) = \left(\frac{\beta}{2\pi}\right)^{\frac{N}{2}} \exp\{-\beta E_D(\mathbf{w})\} \tag{8.63}$$

1 2 3 4 5 6 7 8

ここまでの準備ができれば、ベイズの定理を用いて事後分布 $P(\mathbf{w} \mid \mathbf{t})$ を計算できます。

$$P(\mathbf{w} \mid \mathbf{t}) = \frac{P(\mathbf{t} \mid \mathbf{w})}{\int_{-\infty}^{\infty} P(\mathbf{t} \mid \mathbf{w}')P(\mathbf{w}')\,d\mathbf{w}'} P(\mathbf{w}) \tag{8.64}$$

これは、観測データ $\mathbf{t}$ に基づいて、パラメーター $\mathbf{w}$ の確率を更新する関係式になります。分母の積分は、多変数についての積分（多重積分）になっています。ただし、この部分は $\mathbf{w}$ に依存しない定数ですので、確率 $P(\mathbf{w} \mid \mathbf{t})$ の正規化定数 Z（全確率が1になるという条件で決まる定数）とみなすことができます。

$$P(\mathbf{w} \mid \mathbf{t}) = \frac{1}{Z} P(\mathbf{t} \mid \mathbf{w}) P(\mathbf{w}) \tag{8.65}$$

(8.60) (8.63) を (8.65) に代入して、$\mathbf{w}$ に依存する項を取り出すと、次のようになります。Const は $\mathbf{w}$ に依存しない定数です。

$$P(\mathbf{w} \mid \mathbf{t}) = \mathrm{Const} \times \exp\left[-\left\{\beta E_D(\mathbf{w}) + \frac{\alpha}{2}\mathbf{w}^{\mathrm{T}}\mathbf{w}\right\}\right] \tag{8.66}$$

事後分布 $P(\mathbf{w} \mid \mathbf{t})$ は、「トレーニングセット $\mathbf{t}$ が観測された」ということがわかっている場合の $\mathbf{w}$ の確率を表すものでした。(8.66) を用いれば、さまざまな $\mathbf{w}$ の値に対して、対応する確率の値、言い換えると、どの程度「もっともらしい値」であるかが計算できることになります。

これが、実際にどのような関数であるかは後ほど説明しますが、この段階でも、$P(\mathbf{w} \mid \mathbf{t})$ が最大になる $\mathbf{w}$ の値、すなわち、最も確率の高い $\mathbf{w}$ の値について考察することができます。$P(\mathbf{w} \mid \mathbf{t})$ を最大にするには、(8.66) の指数関数の中身が最大になればよいので、次の誤差関数 $E(\mathbf{w})$ を最小にするという条件で決まります。

$$E(\mathbf{w}) = \beta E_D(\mathbf{w}) + \frac{\alpha}{2}\mathbf{w}^{\mathrm{T}}\mathbf{w} \tag{8.67}$$

仮に$\alpha=0$であれば、二乗誤差$E_D(\mathbf{w})$を最小にするという条件になるので、最小二乗法、もしくは、最尤推定法と同じ$\mathbf{w}$が得られることになります。一方、$\alpha>0$の場合は、ベクトル$\mathbf{w}$の大きさ$\|\mathbf{w}\|=\sqrt{\mathbf{w}^{\mathrm{T}}\mathbf{w}}$が大きくなると、第2項の影響で誤差$E(\mathbf{w})$が大きくなってしまいます。したがって、最小二乗法よりも$\mathbf{0}$に近い（つまり、各成分w_mの絶対値が小さい）$\mathbf{w}$の方が確率が高いことになります。

これまでの計算からわかるように、これは、事前分布$P(\mathbf{w})$の影響によるものです。事前分布として、平均$\mathbf{0}$の正規分布を仮定していたので、それに引きずられて、推定される$\mathbf{w}$も$\mathbf{0}$に近くなるというわけです。αを小さくすると、第2項の影響は小さくなりますが、これは、事前分布の分散α^{-1}が大きくなることによって、事前分布の影響が小さくなるということに対応します。$\alpha\to 0$の極限で、最尤推定法と同じ結果になるのは、前節の問題と同じです。

コラム　オーバーフィッティングと罰則項による正則化

本文において、(8.67)に示した誤差関数$E(\mathbf{w})$では、第2項の効果により、最小二乗法、もしくは、最尤推定法で決まる$\mathbf{w}$よりも$\mathbf{0}$に近い$\mathbf{w}$の確率が高くなることを説明しました。実は、この第2項には、「オーバーフィッティングを抑える」という役割があります。第2章で最小二乗法を議論した際に、多項式の次数が上がるとオーバーフィッティングが発生することを説明しました。たとえば、トレーニングセットのデータ数が$N=10$の場合、多項式の次数を$M=9$にすると、パラメーター$\mathbf{w}$は、多項式$f(x)$がすべてのデータを通るように過剰に調整されてしまいます。この「過剰な調整」は、パラメーターの値が極端に大きくなることで発生していました。

「2.1.4 サンプルコードによる確認」の**図2.3**には、数値計算で求めた、実際のパラメーターの値が表示されていますが、$M=9$の場合は、高次の係数の絶対値が極端に大きくなっています。その結果、**図2.2**の$M=9$の例のように、多項式$f(x)$のグラフは上下に大きく変動します。一方、(8.67)の場合は、$\mathbf{w}$の各成分w_mについて、その絶対値が極端に大きくならないという制限が入るため、多項式$f(x)$のグラフはゆるやかな変動しかできず、多項式の次数を上げてもオーバーフィッティングが起こりにくくなります。

今の場合、(8.67)の第2項は事前分布の影響として自然に現れたものですが、通常の最小二乗法を用いる場合にも、オーバーフィッティングを防止する「正則化」と呼ばれるテクニックとして、二乗誤差を次のように修正して利用することがあります。

$$E=\frac{1}{2}\sum_{n=1}^{N}\{f(x_n)-t_n\}^2+\lambda\|\mathbf{w}\|^2 \tag{8.68}$$

この第2項は、罰則項と呼ばれるもので、定数$\lambda > 0$は、どの程度オーバーフィッティングを抑えたいかによって値を調整していきます。λの値を大きくすると、オーバーフィッティングを抑える効果はより大きくなります。

ベイズ推定を知らない人から見ると、罰則項を用いた正則化は、あくまでもオーバーフィッティングを抑える「テクニック」にすぎず、罰則項を付け加える明確な根拠はありません。一方、ベイズ推定の立場からは、「パラメーター$\mathbf{w}$は極端に大きくならないはずだ」という前提知識に基づいた、(8.60)の事前分布を採用することで、罰則項に相当する項が自然に得られます。最小二乗法、最尤推定法、そして、本章で学ぶベイズ推定は、それぞれに基礎となる考え方が異なりますが、互いに関連する結果が得られるというのは、とても興味深いポイントです。ここにもまた、機械学習の「理論」を学ぶ面白さがあります。

これで、事後分布$P(\mathbf{w} \mid \mathbf{t})$が最大になる$\mathbf{w}$の様子がわかりました。次は、事後分布全体の形も理解しておきましょう。途中の計算は省略しますが、(8.66)の指数関数の中身は、$\mathbf{w}$についての2次関数ですので、$\mathbf{w}$について平方完成することができて、次の正規分布になることが示せます。

$$P(\mathbf{w} \mid \mathbf{t}) = \mathcal{N}(\mathbf{w} \mid \overline{\mathbf{w}},\ \mathbf{S}) \tag{8.69}$$

多変数の正規分布なので、分散$\mathbf{S}$は行列形式(分散共分散行列)になります。今の場合は、逆行列$\mathbf{S}^{-1}$が次式で与えられます。

$$\mathbf{S}^{-1} = \alpha\mathbf{I} + \beta\sum_{n=1}^{N}\boldsymbol{\phi}(x_n)\boldsymbol{\phi}(x_n)^{\mathrm{T}} \tag{8.70}$$

$\boldsymbol{\phi}(x)$は、xを$0 \sim M$乗した値を並べたベクトルです。

$$\boldsymbol{\phi}(x) = \begin{pmatrix} x^0 \\ x^1 \\ \vdots \\ x^M \end{pmatrix} \tag{8.71}$$

$\overline{\mathbf{w}}$は、パラメーター$\mathbf{w}$の平均を表したベクトルで、次式で計算されます。

$$\overline{\mathbf{w}} = \beta \mathbf{S} \sum_{n=1}^{N} t_n \boldsymbol{\phi}(x_n) \tag{8.72}$$

8.2.2 観測値の分布の推定

パラメーターの事後分布が決まったら、これを用いて、「次に観測されるデータの確率」を計算することができます。これは、「8.1.4 ベイズ推定による正規分布の決定：観測値の分布の推定」の(8.47)と同じ計算です。

パラメーター$\mathbf{w}$が決まっている場合、特定の観測点xにおいて、観測値tが得られる確率は、(8.58)の正規分布$\mathcal{N}(t \mid f(x),\, \beta^{-1})$で与えられました。これをさまざまな$\mathbf{w}$について、事後分布$P(\mathbf{w} \mid \mathbf{t})$の重みで足し合わせます。今の場合は、パラメーター$\mathbf{w}$についての多重積分になります。

$$P(x,\, t) = \int_{-\infty}^{\infty} \mathcal{N}(t \mid f(x),\, \beta^{-1}) P(\mathbf{w} \mid \mathbf{t})\, d\mathbf{w} \tag{8.73}$$

(8.73)は、観測点xと観測値tの関数になっている点に注意してください。これに、(8.69)の結果を代入すると、(8.48)と同様に、2つの正規分布を合成する積分になります。

$$P(x,\, t) = \int_{-\infty}^{\infty} \mathcal{N}(t \mid f(x),\, \beta^{-1}) \mathcal{N}(\mathbf{w} \mid \overline{\mathbf{w}},\, \mathbf{S})\, d\mathbf{w} \tag{8.74}$$

このような積分については、一般に、次の公式が成り立つことが知られています。

$$\int_{-\infty}^{\infty} \mathcal{N}(t \mid \mathbf{a}^{\mathrm{T}}\mathbf{w},\, \beta^{-1}) \mathcal{N}(\mathbf{w} \mid \boldsymbol{\mu},\, \mathbf{S})\, d\mathbf{w} = \mathcal{N}(t \mid \mathbf{a}^{\mathrm{T}}\boldsymbol{\mu},\, \beta^{-1} + \mathbf{a}^{\mathrm{T}}\mathbf{S}\mathbf{a}) \tag{8.75}$$

今の場合、$f(x) = \boldsymbol{\phi}(x)^{\mathrm{T}}\mathbf{w}$に注意すると、(8.75)に下記を代入することで、(8.74)を求めることができます。

$$\boldsymbol{\mu} = \overline{\mathbf{w}},\ \mathbf{a} = \boldsymbol{\phi}(x) \tag{8.76}$$

その結果、$P(x, t)$ は、次の正規分布になります。

$$P(x, t) = \mathcal{N}(t \mid m(x), s(x)) \tag{8.77}$$

正規分布の平均 $m(x)$ と分散 $s(x)$ は、次式で与えられます。

$$m(x) = \boldsymbol{\phi}(x)^{\mathrm{T}}\overline{\mathbf{w}} \tag{8.78}$$

$$s(x) = \beta^{-1} + \boldsymbol{\phi}(x)^{\mathrm{T}}\mathbf{S}\boldsymbol{\phi}(x) \tag{8.79}$$

これは、観測点 x を決めると、その点の観測データは、平均 $m(x)$、分散 $s(x)$ の正規分布に従うという、シンプルな結論を表しています。(8.78)(8.79) の右辺には、トレーニングセットとして与えられたデータ $\{(x_n, t_n)\}_{n=1}^{N}$ が含まれることに注意してください。トレーニングセットのデータに基づいて、次に得られるデータを推測するのが、(8.77) ～ (8.79) の関係式というわけです。

なお、(8.78) は、$f(x) = \boldsymbol{\phi}(x)^{\mathrm{T}}\mathbf{w}$ において、$\mathbf{w} = \overline{\mathbf{w}}$ としたものに一致しています。ベイズ推定の立場では、パラメーター $\mathbf{w}$ は確率的にいろいろな値をとるので、その結果として、観測値 $f(x) = \boldsymbol{\phi}(x)^{\mathrm{T}}\mathbf{w}$ も確率的にさまざまな値をとります。パラメーター $\mathbf{w}$ にその平均 $\overline{\mathbf{w}}$ をセットすることで観測値の平均 $m(x)$ が得られるという、自然な結果が得られたことになります。

8.2.3 サンプルコードによる確認

ノートブック「08-bayes_regression.ipynb」を用いて、これまでの結果を数値計算でグラフに描いてみましょう。実際のグラフを見ることで、これまでに求めた数式が表す内容をよりはっきりと理解することができます。

まずはじめに、(8.77) の分布をグラフに表します。これは、「3.1.1「データの発生確率」の設定」の**図3.3**のように、それぞれの観測点 x における観測値 t の散らばりを表しており、$m(x)$ を中心として、およそ、$\pm\sqrt{s(x)}$ の範囲に広がっていることを意味します。分散 $s(x)$ に対して、$\sqrt{s(x)}$ は標準偏差と呼ばれる値でした。そこで、$y = m(x)$、および、$y = m(x) \pm \sqrt{s(x)}$ の3種類のグラフを描くことで、観測点ごとの散らばりの様子がわかります。

ここでは、次の条件で、これらのグラフを描きます。まず、トレーニング

セット $\{(x_n, t_n)\}_{n=1}^N$ は、［例題1］の前提のとおりです。正弦関数 $y = \sin(2\pi x)$ に、平均0、標準偏差0.3の正規分布の誤差を加えて発生します。推定に使用する多項式の次数は $M = 9$ で、事前分布 $P(\mathbf{w})$ の分散は $\alpha^{-1} = 80^2$（標準偏差が80）とします。

ノートブックのセルを上から順に `[08BR-01]` から `[08BR-06]` まで実行すると、**図8.9**のようなグラフが表示されます。これは、観測点 x_n の数を $N = 4, 6, 10, 100$ に変化させながら、前述の条件でベイズ推定を実施した結果を示しています。実線のグラフが推定された平均値 $y = m(x)$ で、その上下の破線のグラフは、標準偏差の幅 $\pm\sqrt{s(x)}$ を加えたものになります。また、真の平均値を表す正弦関数 $y = \sin(2\pi x)$ は、緑色の破線で示されています。このグラフからは、次のような事実が読み取れます。

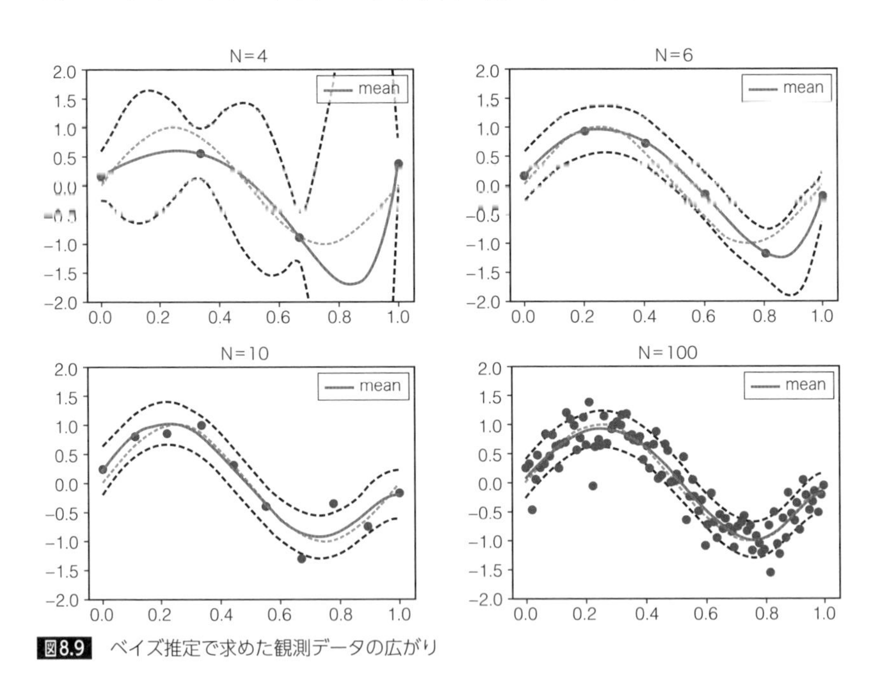

図8.9 ベイズ推定で求めた観測データの広がり

- 観測点が少ない場合、推定された平均値は、真の平均値から大きく外れる部分がある。ただし、その部分は標準偏差も大きくなっており、真の平均値は、標準偏差の範囲内にだいたい収まっている

- 観測点が多くなると、標準偏差が小さくなっていき、十分なデータがあれば、本来の標準偏差である0.3の付近に収まっている
- 事前分布の影響でオーバーフィッティングが抑えられており、$N = 10$の場合でも、すべての点を通るような形にはなっていない

もっともらしい結果になっていますが、1つ気になる点があります。$N = 4$のグラフを見ると、隣り合う観測点の中間部分では、標準偏差が非常に大きくなっています。この理由を理解するには、パラメーター$\mathbf{w}$の特定の値に対して、多項式$f(x) = \boldsymbol{\phi}(x)^{\mathrm{T}}\mathbf{w}$のグラフを描いてみる必要があります。

ベイズ推定の手続きを思い出すと、トレーニングセットを用いて、まずはじめに計算されるのは、パラメーター$\mathbf{w}$の事後分布$P(\mathbf{w} \mid \mathbf{t})$でした。この確率に従ってパラメーター$\mathbf{w}$の値が決まると、それに対応した多項式$f(x)$が決まります。つまり、事後分布は、さまざまな$f(x)$の可能性を確率的に与えているのです。そこで、事後分布$P(\mathbf{w} \mid \mathbf{t})$に従った確率で、パラメーター$\mathbf{w}$の値をいくつかランダムに選び、対応する多項式$f(x)$のグラフを描いてみます。

先ほどのノートブックで、[08BR-07]から[08BR-08]のセルを続けて実行すると、**図8.10**のようなグラフが表示されます。ここでは、**図8.9**を描いた時と同じトレーニングセットから得られる事後分布$P(\mathbf{w} \mid \mathbf{t})$に従って、パラメーター$\mathbf{w}$の値をランダムに決定します。5種類の$\mathbf{w}$の値を決定した後に、対応する5種類の多項式$f(x)$のグラフを描いています。実線のグラフは、先ほどと同じ平均値$y = m(x)$で、破線のグラフが個々の多項式$f(x)$になります。

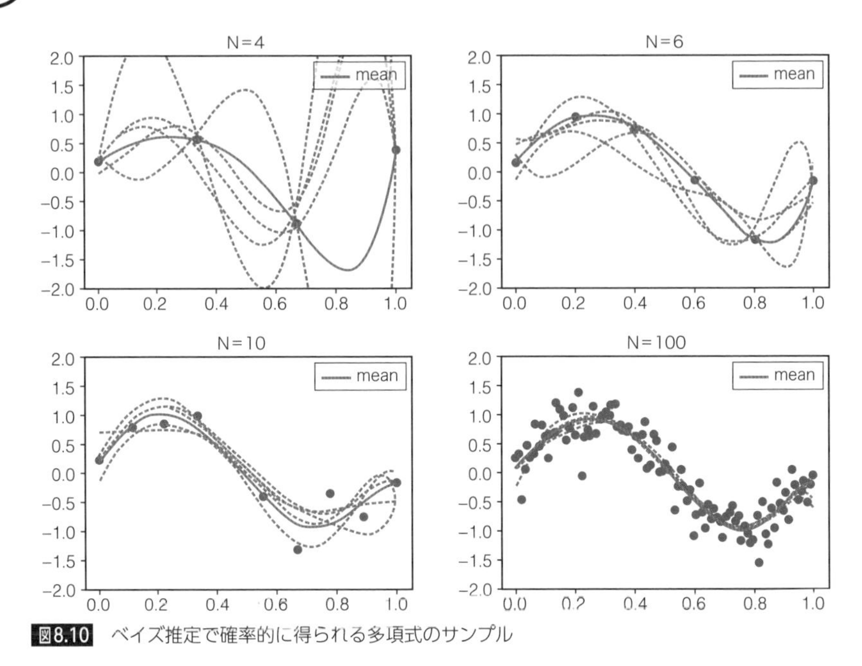

図8.10 ベイズ推定で確率的に得られる多項式のサンプル

この結果を見ると、Nが小さい場合、それぞれの多項式のグラフは大きく変動していることがわかります。それぞれの観測点x_nにおける観測値t_nの近くを通るようにパラメーター$\mathbf{w}$を調整していますので、観測点以外の場所では、その変動が特に大きくなります。このため、**図8.9**では、観測点から離れた場所は、標準偏差が大きくなっているというわけです。実線の平均値のグラフは、これらの変動を平均化した、中央部分を結んだものと理解することができます。

8.3 付録 ― 最尤推定法とベイズ推定の関係

これまでの議論の中で、ベイズ推定の特別な場合において、最尤推定法と同じ結果になる場合があることを指摘してきました。これは、一般には、「データ数Nが十分に大きい場合など、事後分布が事前分布の影響を受けない時は、事後分布を最大にするパラメーターは、最尤推定法から得られるパラメーターに一致する」と言うことができます。

この事実は、事後分布の計算式から数学的に示すことができます。ここでは、前節の(8.65)を用いて考えます。

$$P(\mathbf{w} \mid \mathbf{t}) = \frac{1}{Z}P(\mathbf{t} \mid \mathbf{w})P(\mathbf{w}) \tag{8.80}$$

ここで、右辺の $P(\mathbf{t} \mid \mathbf{w})$ は、ある決まった $\mathbf{w}$ のもとにトレーニングセットのデータ $\mathbf{t}$ が得られる確率であり、最尤推定法における尤度関数にほかなりません。したがって、仮に事前分布 $P(\mathbf{w})$ が $\mathbf{w}$ に依存しない定数だとすると、事後分布 $P(\mathbf{w} \mid \mathbf{t})$ を最大にする $\mathbf{w}$ は、尤度関数を最大にする $\mathbf{w}$、すなわち、最尤推定法で得られる推定値に一致します。

より一般には、パラメーター $\mathbf{w}$ の変化が事後分布 $P(\mathbf{w} \mid \mathbf{t})$ に与える影響において、尤度関数 $P(\mathbf{t} \mid \mathbf{w})$ の方が事前分布 $P(\mathbf{w})$ よりも支配的になる場合に、上記の議論が成り立ちます。たとえば、前節の(8.61)の尤度関数 $P(\mathbf{t} \mid \mathbf{w})$ は、N 個ある個々のデータが得られる確率の積になっていますので、データ数 N が大きい場合、「3.1.2 尤度関数によるパラメーターの評価」の**図3.5**で見たように、チューニング対象のパラメーターがデータに適合する値からずれると、この値は極端に小さくなります。つまり、事後分布の値を大きくするには、尤度関数を大きな値に保つことがより重要になります。このような意味において、ベイズ推定は、最尤推定法の拡張と考えることができます。

これまでの議論において、「事前分布は、ある程度は自由に決めて構わない」という説明をしてきましたが、これも同じ条件(事後分布への影響は、尤度関数の方が支配的になる)の下に正当化されることになります。現実の問題においては、事後分布の計算がなるべく簡単になる事前分布を選択しますが、特に、「共役事前分布」を用いた計算がよく行われます。

共役事前分布というのは、事後分布が事前分布と同じ関数形になるという、都合のよい性質を満たす関数です。たとえば、本章の「8.1.3 ベイズ推定による正規分布の決定：パラメーター推定」では、事前分布として正規分布(8.28)を仮定しました。その結果、うまい具合に、事後分布も正規分布(8.39)になりました。これが、共役事前分布の例になります。

数学的には、より広い範囲の確率分布について、共役事前分布の形が具体的に知られています。たとえば、「8.1.3 ベイズ推定による正規分布の決定：パラメーター推定」では、正規分布の分散σ^2の値は事前にわかっているものとして、平均μのみを推定しましたが、共役事前分布を用いることで、分散も同時に推定する計算が可能になります。参考までに、計算の流れだけを簡単に示しておきます。

まず、(8.26)で計算した尤度関数において、平均μと分散σ^2の両方を未知のパラメーターとみなします。ここで、$\lambda = 1/\sigma^2$としておきます。

$$P(\mathbf{t} \mid \mu, \lambda) = \prod_{n=1}^{N} \mathcal{N}(t_n \mid \mu, \lambda^{-1}) \tag{8.81}$$

この場合、ベイズの定理による事後分布の計算式は、次の形になります。

$$P(\mu, \lambda \mid \mathbf{t}) = \frac{1}{Z} P(\mathbf{t} \mid \mu, \lambda) P(\mu, \lambda) \tag{8.82}$$

ここでは、事前分布$P(\mu, \lambda)$と事後分布$P(\mu, \lambda \mid \mathbf{t})$は、$\mu$と$\lambda$の2変数の関数になっています。(8.81)を(8.82)に代入した際に、2変数の確率分布$P(\mu, \lambda)$で、$P(\mu, \lambda)$と$P(\mu, \lambda \mid \mathbf{t})$が同じ関数形になるものがあれば、それが共役事前分布ということになります。

この場合の共役事前分布$P(\mu, \lambda)$は、次の「ガウス-ガンマ分布」で与えられることが知られています。$\mu_0, \beta_0 > 0$と$b > 0$は、分布の形状を決める任意の定数です。

$$\begin{aligned} P(\mu, \lambda) &= \mathcal{N}(\mu \mid \mu_0, (\beta_0\lambda)^{-1}) \mathrm{Gam}\left(\lambda \,\middle|\, 1 + \frac{\beta_0}{2}, b\right) \\ &= \mathrm{Const} \times \exp\left\{-\frac{\beta_0\lambda}{2}(\mu - \mu_0)^2\right\} \times \lambda^{\frac{\beta_0}{2}} e^{-b\lambda} \end{aligned} \tag{8.83}$$

ここから先の計算は省略しますが、これを用いることで、事後分布$P(\mu, \lambda \mid \mathbf{t})$も同じ「ガウス-ガンマ分布」として表現できます。さらに、「8.1.4 ベイズ推定による正規分布の決定：観測値の分布の推定」の(8.47)に相当する計算は、次のように、正規分布と「ガウス-ガンマ分布」を掛け合わせた積分になります。

$$P(t) = \int \mathcal{N}(t \mid \mu, \lambda^{-1}) P(\mu, \lambda \mid \mathbf{t})\, d\mu\, d\lambda \tag{8.84}$$

この積分は、「スチューデントのt分布」と呼ばれる関数を用いて計算を進めることができます。このように、共役事前分布を用いることで、数学的な性質がよく知られた関数を用いて計算を進めることが可能になります。このような事前分布のとり方が、解くべき問題に対して、本当に自然な選択なのかという疑問が残るかもしれませんが、ここでは、実際に計算を進められることを優先していると考えてください。「3.1.1「データの発生確率」の設定」の**図3.4**でも触れたように、まずは、1つの仮説として、数学的な性質を分析できるモデルを構築することが必要となるわけです。

索 引

記号・数字

A

C

E

G

I

J

K

さ

し

す

せ

そ

た

ち

つ

て

と

な

に

の

は

ひ

ふ

へ

おわりに

筆者が機械学習の勉強を始めたのは、東京の恵比寿に日本支社を持つLinuxディストリビューターで、オープンソースソフトウェアに関わる仕事をしている頃でした。当時は、日々の業務で直接に機械学習にかかわっているわけではありませんでしたが、ふとしたきっかけでいくつかの教科書に目を通してみると、大学時代に学んだ理論物理学の教科書にそっくりの数式が並んでいることに気がつきました。――「あー。これ。知ってる」というのが率直な感想でした。本書で解説している機械学習の理論は、数理統計学が基礎になっており、実はこの点は、理論物理学とも共通しているのです。

いまは、機械学習のツールやライブラリーがオープンソースで提供されて、誰でも自由に利用できる時代になりました。もはや「専門家」だけの特別なツールではありません。しかしながら、これらのツールとあわせて、その背後にある「理論」こそがより広く万人に解放されるべきだと信じています。機械学習は、高度な数学の理論が現実世界の問題解決に役立てられる舞台であり、ITエンジニアの知的探究心を刺激する最高の素材です。機械学習の面白さを知れば、「学校の数学は社会で役に立たない」なんて、まったくの勘違いだとわかるでしょう。

本書をきっかけに、「もう一度、数学を学びなおして、より高度な機械学習の理論をマスターしよう」と考える読者が現れることを心待ちにしています。

参考文献

▼ データサイエンス入門

[1]『戦略的データサイエンス入門 — ビジネスに活かすコンセプトとテクニック』Foster Provost、Tom Fawcett（著）、竹田 正和（監訳）、古畠 敦、瀬戸山 雅人、大木 嘉人、藤野 賢祐、宗定 洋平、西谷 雅史、砂子 一徳、市川 正和、佐藤 正士（翻訳）、オライリー・ジャパン（2014）

データサイエンスのビジネス適用に必要な考え方が、正確にわかりやすく解説されています。本書の第1章の内容をより深く理解するために、併せて読むことをおすすめします。

▼ Pythonによるデータ分析ツール

[2]『Pythonによるデータ分析入門 第2版 — NumPy、pandasを使ったデータ処理』Wes McKinney（著）、瀬戸山 雅人、小林 儀匡、滝口 開資（翻訳）、オライリー・ジャパン（2018）

本書のサンプルコードで使用しているNumPy、Pandasなど、Pythonでデータ分析を行う際に必要となるツールの解説書です。

[3]『Pythonではじめる機械学習 — scikit-learnで学ぶ特徴量エンジニアリングと機械学習の基礎』Andreas C. Muller、Sarah Guido（著）、中田 秀基（翻訳）、オライリー・ジャパン（2017）

scikit-learnを用いた機械学習の実践方法を解説した書籍です。機械学習に固有のデータ処理（特徴量エンジニアリング）についても学ぶことができます。

▼ 機械学習

[4]『パターン認識と機械学習・上／下』C.M. ビショップ（著）、元田 浩、栗田 多喜夫、樋口 知之、松本 裕治、村田 昇（監訳）、丸善出版（2012）

難易度は高いですが、機械学習の基礎となる理論が広く網羅されており、本書の次にチャレンジしてほしい書籍です。本書の例題の多くは、この書籍から引用しています。

[5]『TensorFlowとKerasで動かしながら学ぶディープラーニングの仕組み — 畳み込みニューラルネットワーク徹底解説』中井 悦司（著）、マイナビ出版（2019）

画像認識に用いられる畳み込みニューラルネットワーク（CNN）を題材として、ディープラーニングの仕組みを基礎から丁寧に解説した書籍です。

[6]『ITエンジニアのための強化学習理論入門』中井 悦司（著）、技術評論社（2020）

理論的な基礎となる動的計画法から始まり、ポリシー反復法、価値反復法などの近似手法、そして、ニューラルネットワークを用いたQ-Learningまで、強化学習に用いられるアルゴリズムを基礎から解説した書籍です。

[7]『スケーラブルデータサイエンス — データエンジニアのための実践Google Cloud Platform』Valliappa Lakshmanan（著）、中井 悦司、長谷部 光治（監修）、葛木 美紀（翻訳）、翔泳社（2019）

クラウド上のさまざまなツールを組み合わせて、実践的な機械学習の環境を利用する方法や、データサイエンスの基本的な考え方を学ぶことができます。

▼ 数学の基礎

[8]『技術者のための基礎解析学』中井 悦司（著）、翔泳社（2018）
[9]『技術者のための線形代数学』中井 悦司（著）、翔泳社（2018）
[10]『技術者のための確率統計学』中井 悦司（著）、翔泳社（2018）
[11]『微分・積分30講（数学30講シリーズ）』志賀 浩二（著）、朝倉書店（1988）
[12]『解析入門30講（数学30講シリーズ）』志賀 浩二（著）、朝倉書店（1988）
[13]『線形代数30講（数学30講シリーズ）』志賀 浩二（著）、朝倉書店（1988）
[14]『ベクトル解析30講（数学30講シリーズ）』志賀 浩二（著）、朝倉書店（1989）

これらは、本書の数式を理解する上で必要となる、「解析学」「線形代数」「確率統計」の3つの分野の入門書です。これら以外にも多数の書籍があるので、自分にあったレベルのものを書店で探すとよいでしょう。

[15]『基礎からのベイズ統計学 ― ハミルトニアンモンテカルロ法による実践的入門』豊田 秀樹（著）、朝倉書店（2015）
[16]『Think Bayes ― プログラマのためのベイズ統計入門』Allen B. Downey（著）、黒川 利明（翻訳）、オライリー・ジャパン（2014）

これらは、本書の第8章で扱った「ベイズ推定」の基礎となる、ベイズ統計学の入門書です。

■ 著者プロフィール

中井悦司（なかい えつじ）

1971年4月大阪生まれ。ノーベル物理学賞を本気で夢見て、理論物理学の研究に没頭する学生時代、大学受験教育に情熱を傾ける予備校講師の頃、そして、華麗なる（？）転身を果たして、外資系ベンダーでLinuxエンジニアを生業にするに至るまで、妙な縁が続いて、常にUnix/Linuxサーバーと人生を共にする。その後、Linuxディストリビューターのエバンジェリストを経て、現在は、米系IT企業のSolutions Architectとして活動。

最近は、機械学習をはじめとするデータ活用技術の基礎を世に広めるために、講演活動のほか、雑誌記事や書籍の執筆にも注力。主な著書は、『[改訂新版]プロのためのLinuxシステム構築・運用技術』『ITエンジニアのための強化学習理論入門』(いずれも技術評論社)、『TensorFlowとKerasで動かしながら学ぶディープラーニングの仕組み』(マイナビ出版)など。

Staff

- 本文設計・組版　BUCH+
- 装丁　オガワデザイン
- 担当　池本公平
- Webページ　https://gihyo.jp/book/2021/978-4-297-12233-1

※本書記載の情報の修正・訂正については当該Webページおよび著者のGitHubリポジトリで行います。

[改訂新版]ITエンジニアのための機械学習理論入門

2021年7月30日　初版　第1刷発行

著　者　中井悦司
発行者　片岡 巌
発行所　株式会社技術評論社
東京都新宿区市谷左内町21-13
電話　03-3513-6150　販売促進部
03-3513-6170　雑誌編集部
印刷／製本　日経印刷株式会社

定価はカバーに表示してあります。

ISBN978-4-297-12233-1　C3055
Printed in Japan

■ お問い合わせについて

- ご質問は、本書に記載されている内容に関するものに限定させていただきます。本書の内容と関係のない質問には一切お答えできませんので、あらかじめご了承ください。
- 電話でのご質問は一切受け付けておりません。FAXまたは書面にて下記までお送りください。また、ご質問の際には、書名と該当ページ、返信先を明記してくださいますようお願いいたします。
- お送りいただいた質問には、できる限り迅速に回答できるよう努力しておりますが、お答えするまでに時間がかかる場合がございます。また、回答の期日を指定いただいた場合でも、ご希望にお応えできるとは限りませんので、あらかじめご了承ください。

■ お問い合わせ

〒162-0846　東京都新宿区市谷左内町21-13
株式会社技術評論社　雑誌編集部
「[改訂新版]機械学習理論入門」係
FAX　03-3513-6179